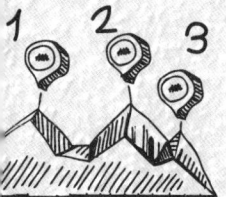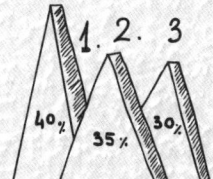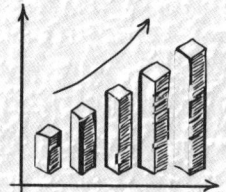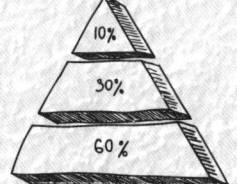

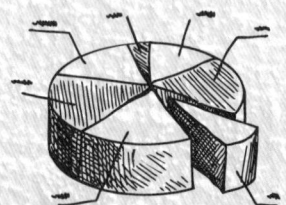  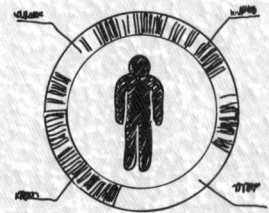

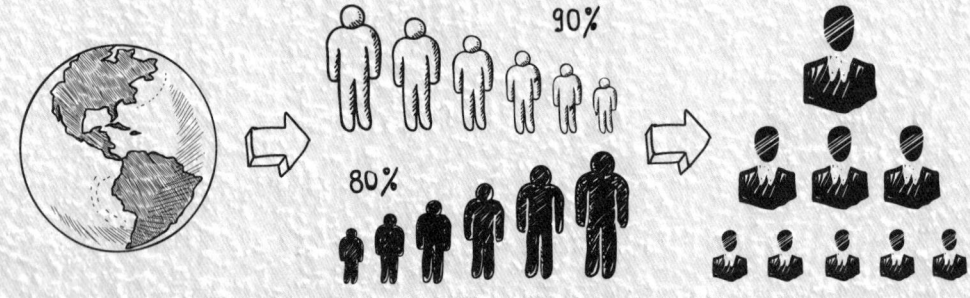

台灣製造業
大趨勢白皮書

連鎖實體店鋪到
連鎖實體（世界）工廠

湯進祥 著

作者序（湯進祥）

　　I am nobody，多年來只是有點專業小經驗，略盡綿薄之力而撰寫本文，如有遺漏、不足或缺失？為求更精進、更貼近實業(體)運作，誠請相關社會賢達、各領域的先進不吝賜教及交流，先在此衷心銘謝！這是一本只是本人先拋磚拋引玉的「開放平臺的公版書」，開放給諸位有識者修正及添磚加瓦，讓本書內容達更真．善．美，將理論與實際結合及能接地氣的落實，如經評估、篩選、採納貴作後？後續如有更新再版，您的大名及增修大作將列入本書，歡迎有共識共鳴的先進大德發揮各自所長、戮力為公、拋開私見(慾)，咱們一起為台灣及本文"加油"。本書的目的：只求台灣更加美好、產業更加卓越！！

備註：
1. 上述所言！有意同襄共舉的諸位大德，貴大作的來源出處？請勿於網路上抄襲(複製、貼上)，敬請支持及配合。
2. 另有一本『連鎖企業加盟經典』亦是本人加以修訂及再版輔仁大學孝幸模教授的連鎖專業書將更新再版，與本書相輔相成也請購買參考！

　　本書內容的主旨在於將台灣領先的優質製造業，以台灣相當成熟連鎖型態為載台的經營模式，由政府來主導將產．官．學．金的優勢統合，從島內的產業基金籌組、專業人力學制、各式策略發展中心….到島外打國際盃，打造 MIT 的國際名片。

　　「製造業」屬於"立地型"產業，是合乎連鎖業態型式發展的條件，可謂是被忽略可連鎖化的業態，本文內容說明其可連鎖化的資質及條件，及由半導體為領頭雁，伴隨著島內眾多的隱形冠軍及具潛力發展製造業，群飛向藍海，打團體戰發揮戰力、打國際盃的賽局。

　　台灣的「製造業」與「本土連鎖業」(已國際化將近 20 多年)，

倆者從 1980 年代至今，經大約四十年兄弟爬山各自努力下，皆在山頭頂峰相會，如今攜手並進國際的光明頂，再攀登世界高峰。

　　台灣雖小卻精煉，製造業四十年磨一劍的工匠精神，現今多項製造業 (尤其是半導體產業) 具備優質實力，可扮演全球下一代科技 (AI) 發展的關鍵力量之一，以台灣相當成熟連鎖型態為載台，以小搏大、輸出臺灣經驗、拓展國際版圖，讓台灣的製造業成為「日不落幕的陽光產業」。

湯進祥先生聯絡方式：
e-mail：tcs17051705@gmail.com
Line ID：tcs320　　　(都開"靜音"! 敬請留語音或文字)
WeChat ID：tcs320　　(都開"靜音"! 敬請留語音或文字)

推薦序（陳宇廷）

加盟連鎖業是一個能夠創造多贏的產業。

對於加盟者來說，不需要單打獨鬥，而是能夠加入一個很好的品牌。得到創業所需要的各方面知識與支持。

對於企業家來說，是一個能在幫助他人的過程中成就自己的一個善業。能幫助很多加盟者有一個安定穩定的生活。

對於國家來說，是一個能夠創造大量就業機會，穩定社會，讓很多人能夠安居樂業的一個產業。

　　而湯進祥先生是一個在加盟連鎖產業有 30 多年經歷的前輩。曾經輔導過曼都美髮、巨星剪燙、新東陽、弘爺漢堡、麥味登……等等知名品牌，從創業一直到成為家喻戶曉的成功加盟連鎖企業。

　　而更重要的是，他是一個善良、正派、有能力的好人，也是我很信任的好朋友。他將畢生的經驗濃縮於這一本加盟連鎖手冊中。相信閱讀的人都能夠從中學習到很多寶貴的智慧與經驗。

陳宇廷

陳宇廷 - 簡介

傳奇公子，暢銷書作家（書名：念完哈佛念阿彌陀佛），「覺性科學」共同創始人

抗日名將陳誠（蔣中正剛來台灣時，擔任副總統）長孫，台灣前"監察院院長"陳履安長子，畢業於普林斯頓大學電機系，後獲哈佛大學 NBA 學位。曾四度任職於麥肯錫諮詢公司，為跨國企業制定策略與執行計劃。

1996 年至 2010 年間，投身公益事業，帶動上億美元善款，介紹國際公益領域成功策略與經驗，協助該地區 NGO 機構的發展。

2010 年應邀加入由美國"洛克菲勒家族"發起，由全球 28 國 76 個政商家族組成的「世界公益家族協會 GPC」並擔任理事兼大中華區代表。

2013 年，與父親陳履安院長及太太央金拉姆開始推動「覺性科學」，將禪修的理論和方法科學化、現代化、生活化。

推薦序（吳師豪）

與本書作者湯進祥先生認識，始於 1991 年我剛離開味全公司關係企業 - 松青超市，當時自覺在味全公司服務 10 年，在一流公司的食品製造部門與流通部門學到一身本領，應該可以磨一劍了，正好遇到大學學長李幸模先生的財鑫企管顧問公司需要人手，幫忙輔導「新東陽食品公司」，就在轉職的空檔，擔任兼職顧問，而與進祥兄結緣成為同事。

台灣連鎖企業發展，起源於 1980 年統一企業引進美國南方公司 (The Southland Corporation) 的 7-Eleven 便利商店，以及 1984 年台灣寬達公司引進麥當勞 (McDonalds) 速食店，讓傳統零售業者見識了連鎖經營的威力，才真正帶動零售業由「特色店」與「多店」走向「連鎖店」的經營模式，也因此催生了後續台灣各業種、業態的連鎖品牌大爆發。進祥兄與我正好在 1980~1990 年代恭逢其會，參與台灣流通革命的浪潮，在我進入財鑫之前，他就已輔導了多家台灣本土連鎖品牌，包含曼都美髮、新東陽食品 … 等知名企業，之後，又在該地區大陸開始興起連鎖經營風潮之際，於 2000 年左右轉戰大陸從事連鎖業的諮詢顧問及培訓，還有私募基金針對連鎖店的評估、投資 … 等。

除此之外，進祥兄。本書之完成，即係作者欲將其多年輔導連鎖業與結合製造業的經營策略，以及悟出兩者之間異同的經營訣竅，融會貫通，形諸文字，以期發展出獨特成功的台灣營運模式，減少新手創業過程的失敗代價。

個人有幸見證台灣流通產業結構轉型的過程，亦期許進祥兄窮盡畢生功力撰寫此書問世的用心，能對於推展臺灣經驗的「零售業」與「製造業」雙引擎，成功走向國際市場。故撰寫此序文共襄盛舉，預祝將本書文中的知識寶庫，流傳給後續接棒有志於逐鹿天下的創業家。

吳師豪個人簡歷

現職：國立高雄科技大學行銷與流通管理系 教授

學歷：國立臺北大學企業管理博士

專任：

財團法人商業發展研究院副院長、代理院長(借調)

國立高雄第一科技大學行銷與流通管理系(所)講師、副教授兼系主任(所長)

財團法人該地區生產力中心管理師

松青超市公司協理兼營業本部長

兼任：

財團法人「黃烈火教育基金會」、「旭日教育基金會」、「和裕教育基金會」、「光華管理策進基金會」董事

教育部「教學實踐研究計畫」、「產業學院計畫」審查委員

經濟部「協助服務業創新研究發展計畫SIIR」、「小型企業創新研發計畫SBIR」、「推動中小企業城鄉創生轉型輔導計畫SBTR」、「國家磐石獎」、「小巨人獎」、「補助業界開發國際市場計畫」、「擴大中小企業5G創新服務應用計畫」審查委員

和泰汽車公司、臺鹽實業公司、台灣菸酒公司獨立董事

中華民國證券櫃檯買賣中心上櫃審議委員

專長：

行銷管理、流通業管理、連鎖經營管理、服務業行銷、通路管理

2024.06.25　國立高雄科技大學 教授

推薦序 (蕭語富)

化石先生 (股) 公司 蕭語富 執行長

湯進祥先生從事連鎖行業 30 餘年，屬台灣早期投入連鎖業先進，20 多年來，他遊走兩岸連鎖業之間，除了從事連鎖業輔導及培訓外，其間跨入私募基金及投行領域，也有近十年的經驗。

湯顧問的著作除本書外，尚有二書與其輔仁大學老師李幸模教授的再版合著；即薪傳風暴 (於 2020.6 月左右出版 - 博客來網路書店 ~ 有賣)、連鎖加盟寶典。

有關本書，湯顧問言：至少慢了十年以上才著寫本書，如今出版對台灣已紅火的半導體及製造業而言，已屬錦上添花。他很感謝 2020 年因輔仁大學李幸模教授 (老師)，邀我主筆修改 (再版) 他的二本舊著，才觸動撰寫本書的動機。

Mr.Fossil
官網

目 錄

002　作者序 (湯進祥)
004　推薦序 (陳宇廷)
006　推薦序 (吳師豪)
008　推薦序 (蕭語富)

013　壹、台灣連鎖業發展史 - 台灣末端通路變革的兩個 (具代表性)
　　　　引爆點略述
013　　　一、統一超商；7-ELEVEN
014　　　二、台灣的麥當勞
015　　　三、躬逢其盛、通路變革
016　　　四、該地區大陸改革開放、台灣連鎖業紛紛西進
017　　　五、台灣連鎖業南向政策、國際化佈局

019　貳、台灣製造業近代發展史略述
019　　　一、政府 (官 . 產 . 學) 正確英明的決策及協作配合、台灣
　　　　　　人硬頸 . 勤勞 . 韌性的精神
021　　　二、台灣製造業的隱形冠軍有哪一些？

025　參、末端通路：實體 (立地型) 連鎖的行業、屬 (特) 性
025　　　一、"人與物"均重
026　　　二、以"人"為主
027　　　三、以"物"為主
028　　　四、結論：台灣製造業 (世界) 工廠連鎖化

031	肆、何謂連鎖企業？四項一致	
031	一、經營理念一致	
031	二、C.I.S（corporate identity system）一致	
033	三、產品（生產技術）及服務一致	
033	四、運營及管理機制一致	
035	伍、他山之石、可以攻錯	
035	一、連鎖經營型態分類	
035	二、總部的控制力	
036	三、連鎖經營型態比較表	
038	四、連鎖特色（優．缺．財管．風險）比較表	
041	五、結論	
046	六、連鎖（工廠）加盟規劃	
049	陸、連鎖發展國際化考慮的因素	
049	一、合作對象的選擇	
049	二、進駐方式	
050	三、採取大地域授權（MASTER FRANCRISING）	
050	四、制度、部分附屬原材料的本土化	
050	五、國際化人才的培養	
051	六、打國際杯要籌組國家隊，由政府組隊帶頭，供應鏈、異業結盟	
051	七、相關國際產業組織、機構的交流、互動	
053	柒、相關調查表	
053	一、製造業自我體檢表	

055		二、加盟廠商 - 盡職調查內容提綱
056		三、當地（國、區域）設廠考量因素表

061	捌、	打國際杯必須跨越的三座大山 - 地緣政治、資金、人力
061		一、前題：台灣在這賽局中的三大優勢
070		二、地緣政治
074		三、資金
090		四、人力

099	玖、	總結
099		一、何謂事業、志業、善業
100		二、先利人、利他、再利己
101		三、君子愛財（才．材）、取之有道
102		四、基金投資收益 - 取之於民、用之於民

103	拾、	附件資料
103		一、TFC 資料：「企業家暨專業經理人交流聯誼會」
118		二、2023 私募基金規模 - 前十排名表（維基百科）
120		三、2023 全球私募基金規模 - 前十排名簡介
123		四、企業盡職調查內容提綱
129		五、財務指標體檢表分析
140		六、未通過（創業板）審核的這些公司存在 7 大類及幾個小類的問題
142		七、＊＊動力電池（鋰電池）- 商業計畫書
185		八、〇〇〇醫院 - 商業計畫書

壹

台灣連鎖業發展史 - 台灣末端通路變革的兩個(具代表性)引爆點略述

一、統一超商；7-ELEVEN

　　1927 年創立於美國德州達拉斯的 7-ELEVEN，所屬為南方公司 (The Southland Corporation)，主要業務是零售冰品、牛奶、雞蛋。到了 1946 年，推出了當時便利服務的「創舉」，將營業時間延長為早上 7 點到晚上 11 點，自此，「7-ELEVEN」傳奇性的名字於是誕生。

　　1978 年統一企業集資成立統一超商，將整齊、開闊、明亮的 7-ELEVEN 引進，掀起零售通路的革命。走過艱辛的草創初期，統一超商堅持了 7 年終於轉虧為盈，在積極展店和創新行銷下一直穩居零售業龍頭領導地位。這 7 年期間統一超商虧掉了兩個資本額，幸有得到時任總經理高清愿先生的支持，才免得夭折，也才有日後統一企業的金雞母。這期間經過好幾年的摸索，才找出了本身的定位，其中重點之一；即是從「住宅區」轉移到的「商業區」，加上台灣 1987/07/15「解嚴」後，得以全天 24 小時的經營才逐漸步入穩健發展，在此過程中篳路藍縷，從店格定位、商品的組合和選擇的過程吃了不少苦頭，因當初定位是住宅區，針對家庭主婦家庭，主婦對價格是最敏感的，在後期定位到商業區後才逐步走出困境，因商業人士、上班族講求方便性對價格較不敏感。苦盡甘來！從是統一集團的敗家子，成為下金蛋的金母雞，多年後成為台灣第一大便利商店的知名品牌。7-11 經營成功的過程中，也讓台灣的零售業起了根本性的變化；即「掌握通路就是霸主」「接觸客戶就是贏家」的商業通路策略。許多台灣本土企業紛紛起而效尤，介入掌握「末端通路」的連鎖便利店市場。

因統一超商經營非常成功，統一企業也陸續引進了其他知名的連鎖品牌進入台灣，包括：早期的肯德基（十年合約到期，美國母公司收回自己經營）、星巴克、康是美。1990 年也成立相關行業「捷盟行銷股份有限公司」負責轄下所有連鎖品牌的物流配送，帶動物流業 2.0 版，亦帶來新的現代化物流模式。

二、台灣的麥當勞

麥當勞是全世界最大的快速餐飲服務餐廳領導品牌。1955 年，世界第一家麥當勞由創始人 Ray A. Kroc 在美國芝加哥 Elk Grove Village 成立，黃金拱門下的美味漢堡和親切服務，立刻受到各界人士的歡迎！現在，全球有約 38,000 家餐廳，遍及超過 100 個國家地區，為顧客提供超值美味的麥當勞餐飲。

1984 年 1 月 28 日，臺灣第一間麥當勞開設在臺北市松山區民生東路三段 (店號：001)，由孫大強家族引進，與麥當勞總公司合資設立「台灣麥當勞餐廳股份有限公司」，並由孫大偉擔任首任董事長，雙方各持股一半，當時造成極大轟動，曾創下麥當勞單週營業的世界紀錄，間接讓台灣餐飲業邁入新紀元。

所經營的定位訴求及相關服務，帶給台灣所有連鎖業 (尤其是餐飲經營上)提供很好的效仿、示範參考，其 3S(systematization 系統化、Standardized 標準化、Simplicity 簡單化) 及理念 Q(Quality，質量、品質)、S(Service，服務)、C(Cleanliness，衛生、清潔)、V(Value，價值) 亦是帶給台灣連鎖業的興盛，起了關鍵性因素之一。

註：以上部分資料來自網路

三、躬逢其盛、通路變革

　　上述兩家美國知名的連鎖品牌進入台灣之後，掀起的台灣連鎖產業及品牌的蓬勃發展，並將其經營的方式及 Know-how 加以本土化，在這過程中本人有幸躬逢其盛，從輔大企管系畢業之後 1985 年進入財鑫企管顧問公司 (以下簡稱：該司)，該司由輔大李幸模教授所開設，"廟不在大，有先知先行者則靈" 該司可說是輔導、規劃 (含訓練) 台灣連鎖業的開山鼻祖 (當時該公司紅火到新馬地區，在當地掀起了一番向台灣學習、觀摩連鎖業經營的熱潮)，輔導統一麵包 (統一企業)、曼都美髮、新東陽……等眾多本土品牌，翻新及改造舊有體制「外連而內不鎖」，即所謂：有連、有鎖的連鎖品牌。

　　本人曾經任職於中國生產力中心 (CPC) 擔任連鎖業顧問 (及講師) 時，基於當時的台灣只有大型品牌的「連鎖店協會」，會員都是些知名連鎖品牌 (例如：7／11、麥當勞、肯德基、麗嬰房、新東陽、曼都美髮、萬客隆…等)，確知市面上缺少一個小型及想進入連鎖行業前的一個可學習、互動交流平臺的機構組織。

　　避免有遺珠之憾！獨自在將近一年多內，開 3~4 次 "連鎖經營" 課程，從上課學員名單中收集、籌劃、寫文案、推廣及招生會員，終於在 1995 年 6 月 30 日在該地區生產力中心 (舊址：臺北松山機場 2 館；機場左邊大樓二樓) 成立「中華民國連鎖加盟事業 企業家暨專業經理人交流聯誼會」(TFC；Taiwan Franchise Council) 並擔任首屆聯誼會的執行長，TFC 即是當今知名的『台灣連鎖暨加盟協會（TCFA）』的前身，即是由泰利乾洗 - 李淨錦董事長先生擔任首屆創會會長，以 TFC 會員為基礎所成立的協會，之後陸續經會員的不斷加入及努力，多年後 TCFA 茁壯至今已成為兩岸甚至華人圈極具知名度及活耀的連鎖業社團組織。

註：TFC 資料；如後附件

四、該地區大陸改革開放、台灣連鎖業紛紛西進

　　該大陸地區改革開放由該地區共產黨第二代中央領導集體核心鄧小平提出和創立，是在 1978 年 12 月 18 日中共十一屆三中全會後，開始實施的一系列以經濟為主的改革措施，可總結為「對內改革，對外開放」。基於同文、同種及當下臺灣內部的三高一低 (成本高、租金高、缺工高、利潤低)、外部的匯率、關稅下，及其淺碟式的經濟環境所廹，「老兵探親；台商探險」、「坐著等死；去了找死」，台灣中小企業(連鎖業亦同)紛紛西進大陸，孤注一擲尋找第二春的機會，當然部份台企、台商台資也獲得不少好的成績，台商對大陸經濟突飛猛進的過程中，也算是注入一股非常大的助力。

　　台灣連鎖行業經過將近十多年的發展，也走出自己符合中華文化

特色、習性、從總部經營管理轄下所有各類別連鎖店的 Know-how 及可持續發的創業模式。泡沫紅茶、珍珠奶茶、咖啡店、涮涮鍋、臺式(牛肉麵、魯肉飯、小吃、早餐、豆漿…) 速食店或餐館、大型太平洋百貨(1993 年開始進入大陸百貨零售市場,成立上海太平洋百貨有限公司)、大賣場大潤發 (1998 年在上海開設第一家大型超市)…等,紛進入該地區大陸一線城市 (北上廣深),將大陸分成幾個區塊,慢慢擴展到二線省會,其中亦採「區域授權」的模式佈局版圖,多年後大陸本土的連鎖品牌也紛紛崛起,青出於藍而勝於藍,而且有後來超越的現象。

這期間有多支境內外的私募基金 (PE,Private Equity Fund)、風險投資基金 (VC,Venture Capital Fund)、天使基金 (Angel Fund)、眾籌基金 (Public Fundraising)…介入,運用金融手段更助長中國大陸的連鎖企業的熱絡及品牌的迅速擴張、上市,那個年代運用金融方面的操作,以利用籌資來拓展市場及佈局,大陸超前台灣大約十年,島型的企業家與大陸型的企業家,當時在這領域看法是不一樣,凡事有利有弊且兩岸先天條件、環境也不一樣,尚不能以誰好?誰不好?來衡量。

五、台灣連鎖業南向政策、國際化佈局

COVID-19 所引發的全球大流行疫情,2019 年末開始往後三年多的肆虐,大陸內地多個城市動態清零的封控,日後加上中美俩大的兩極競爭、地緣政治因素、兩岸緊張、政策不確定及風險考量、實體店風光不再且經營不易等因素,台商紛紛退出該地區大陸的市場,轉進東南亞的南向政策,也朝歐美國際化佈局。其中飲料店「珍珠奶茶」

已成為台灣飲品的名片。鎖業國際化佈局，大陸品牌亦是股強力的有生力量，論狼性、擴展速度、財力、滲透力皆屬上乘，以對方的優點為師，汰蕪存菁也是商道之一。

從兩岸連鎖的國際怖局來看還是以餐飲相關業為主，從台灣的飲料、中式餐點到大陸的咖啡、火鍋飲料，其關鍵因素在華人社會"民以食為天"且中式速食（品）的連連品牌有其獨特性及文化故事，且在國際化市場有其空白及發展空間！

個人看法及建議！兩岸的餐飲有其共性及各自優勢，應可有一合作平臺，廣納"華式"民族品牌分進合擊進軍國際舞臺！因中式餐飲有其民族特色的唯一性及可合作性。兩岸在此品項上應有合作空間，拋開雙方在政治及意識型態的歧見紛爭，存同避異、優勢互補「兩岸餐飲品牌搭台、共賺世界"財道"唱戲」。

總之！中式餐飲連鎖業就國際化而言，餐飲載體本身就有其的獨特性與差異性，有其民族特色、侷域性及文化內涵等元素的話題故事，是整合行銷最好的素材。

貳

台灣製造業近代發展史略述

一、政府（官．產．學）正確英明的決策及配合、台灣人硬頸．勤勞．韌性的精神

　　1973年與1975年連續爆發石油危機，全球經濟陷入不景氣。台灣因生產成本劇增、出口大幅下降、退出聯合國等因素使投資意願下降。1974年，時任行政院院長的蔣經國下令推動十大建設，發展重工業、化工業，建立自主經濟體系，進行大規模公共投資，包括交通、電力等基礎工程，及鋼鐵、石化、造船工業東西橫貫公路。同時期台灣晉身亞洲四小龍之列，被稱之台灣奇蹟，成為日後該地區開發的範例。

　　1979年台灣又受石油危機影響，故轉向發展耗能少、較沒有明顯污染且高附加價值的產業。1979年制定「十年經濟建設計畫」，將機械、電子、電機、運輸工具列為「策略性工業」。1980年設立新竹科學工業園區，給以優惠鼓勵投資高科技產業。

　　自1982年起，因政府政策的支持，臺灣製造業進入工廠自動化、生產自動化、設備自動化高峰。後來順應全球少量多樣生產、大數據即時分析的智慧製造發展趨勢，行政院推動「智慧機械產業推動方案」，打造臺灣成為全球智慧機械及高階設備關鍵零組件的研發製造中心，2017年，臺灣機械業產值首度突破兆元大關。

　　WTO「資通訊產品協定」(ITA) 零關稅優惠所賜，電子通訊及半導體等主力產品出口未受影響，新一輪資訊科技協定擴大 (ITA 2) 談判

已完成，未來從半導體、印表機墨水、醫療器材、電玩遊戲機等資通訊產品，將納入零關稅清單。

台灣政府重點發展的策略；台灣產業會把的半導體相關產業列為重點發展，前題也是因外在國際環境所逼及有對外關稅優惠，或許是「天公疼憨人」天時、地利、人和，經多年「產．官．學」多方戮力以赴、一步一腳印，成就今日台灣的半導體群體致雄霸天下。

臺上一年功、台下 40 年功；其成功的背後是有多少的汗水、淚水、苦水的付出，靠自主技術創新，經時間的淬煉、經驗的累積，不斷解決問題及困難才造就而成，這個產業是一場馬拉松、長距離長跑，一群人在同一理想、同一目標、24 小時全年無休及產．官．學合作，是種利益、使命、理念的生命共同體，具有天時、地利、人和…等多元變異因素，絕非靠表面的金融資本、利益誘因、獵 (台灣科技) 人頭、竊取或仿造些技術依樣畫葫蘆…等，就可彎道超車一儵而及的，既使部份抄襲有成，也僅僅是見皮不見骨，重點在半導體相關產業要不斷的精進打群體戰，讓抄 (偷) 襲者總是拾人牙慧或阻絕其後續發展。

另一主要因素是；小國寡民台灣本島的面積大小，交通 1 日到達生活圈的便利、人口及人文素質、中小企業蓬勃發展為主的聚落型態 - 可互助、支援、協作、生產及開發產品可較快速變化、及時配合…等彈性可大可小、如短小、精明、靈活的迅猛龍，以上皆是無法複製及遷移的障礙。

※ 註：1、台灣中小企業已成為台灣經濟發展的中流砥柱。臺灣經濟部中小及新創企業署今日發布《2023 年中小企業白皮書》，根據資料顯示，2022 年「臺灣中小企業家數」超過 163 萬家，占全體企業家數達 98% 以上，創歷年新高；就業人數為 913 萬 2 千人，占全國就業人數維持 8 成；銷售額超過 28 兆元台幣，占比超過 5 成，出口額達到 3.6 兆元台幣，年增率超過 7%。2023 年 10 月 31 日 https://www.moea.gov.tw

二、台灣製造業的隱形冠軍有哪一些？

1、隱形冠軍定義
① 隱形冠軍一詞在中文裡時常以「中堅企業」稱之，英文直譯為 Backbone Enterprises，「中」字義為中型或規模中等，而「堅」字則指強勢且穩固，因此用英文的 backbone 表示中堅。

② 台灣的經濟本身就可視為隱形冠軍。在西方，很多人到現在還不知道，台灣在硬體供應鏈上的國際影響力有多麼重要。

③ 早在 1980 年代和 1990 年代，台灣的發展方向便已十分清楚，那就是專注在電子業和半導體業的市場利基。如今，台灣已經是這個產業的領導者。

2、要歸類為隱形冠軍的公司，必須符合 3 項條件：
① 必須在其所屬市場排名世界前 3 大，或者在所屬洲別排名第一。
② 營收必須低於 50 億歐元。
③ 在一般大眾間的知名度不高。

3、台灣「隱形冠軍」產業有哪些？
① 經濟部統計處指出，有 108 項產品的產值創新高，絕大多數為中間財，終端產品則有螺絲螺帽、電動機車、電動自行車、航空器維修、營養保健食品、室內健身器材、血糖檢測、隱形眼鏡及瓦楞紙箱，九大類保持穩定且快速成長，可說是「隱形冠軍」產業。

② 「中衛發展中心」卓越中堅企業、潛力中堅企業 (第一屆 ~ 第七屆名單) 網址如下：

https://www.mittelstand.org.tw/information.php?p_id=80

台灣隱形冠軍最新名單揭曉，第七屆卓越中堅企業獎，有十家廠商獲獎。

卓越中堅企業獎主要目的為培養在特定領域具有關鍵或獨特性之技術，持續專注於本業並具有國際競爭力之中堅企業。第 7 屆遴選共計 145 間企業，經過嚴謹的審查程式，共 10 間企業獲選卓越中堅企業，上品綜合工業、天虹科技、天鈺科技、太平洋醫材、台灣瀧澤科技、正瀚生技、虎山實業、閎康科技、勤誠興業、優達科技，由行政院陳建仁院長親臨頒獎。另有 52 間獲選為潛力中堅企業，其中 2 間獲營造友善職場優良中堅企業。

1） 上品綜合工業：為最大氟素化學品設備，獲得許多電子產業採用。

2） 天虹科技：ALD、PVD 半導體設備製造，獲得大企業採用並行銷至國際。

3） 天鈺科技：專注於電子紙驅動 IC 設計領域，市占全球第一大。

4） 太平洋醫材：生產的密閉式抽痰管達到全球前三大。

5） 台灣瀧澤科技：口罩國家隊，其高階 CNC 車床設備為推動智慧機械的領頭羊。

6） 正瀚生技：為國內少數農業植物生長藥劑本土研發廠商，擺脫國際大廠壟斷。

7） 虎山實業：車用把手為北美 AM 市場市占第一。

8） 閎康科技：為先進製程很重要的分析及檢測服務廠商。

9） 勤誠興業：機殼有許多高精密的設計，目前為 AI 伺服器重要供應商。

10）優達科技：生產 5G 路由器，為台灣推廣 5G 設備系統的重要廠商。

4、個人才疏學淺，從上網他人中截取先丟出幾個，希望能夠一起集思廣益，歡迎不吝指教!!：

①半導體 代表廠商：台積電 - 這應該不用多說，以高良率、先進技術領先全球經爭對手達一個世代以上。

②腳踏車 代表廠商：捷安特、美利達，市佔率全球第一，以高口碑、高性價比受到全球市場歡迎。

③腳踏車鍊條 代表廠商：桂盟 - 全球第一大自行車鏈條製造廠，每年生產的鏈條可繞行地球赤道五圈。

④薩克斯風 代表廠商：張連昌、文燦樂器，台中後裡的薩克斯風產業聚落，薩克斯風品質媲美歐美精品。

⑤水龍頭 代表廠商：彰一興實業，台中的鹿港「水龍頭故鄉」，是台灣水五金產業經歷超過 50~60 年的發展，在鹿港頂番婆地區型成一個典型的群聚產業，最盛時期超過 800 家工廠在此生產，涵蓋所有水五金的產業鏈，供應全台 90% 以上的水龍頭。佔全球市佔率 6 成。

⑥潛水衣 代表廠商：薛長興，全球市占率高達 65%。

⑦螺絲螺帽 代表廠商：三星科技、恒耀，出口值全球前三。

⑧窗簾 代表廠商：億豐，全球前三大窗簾廠。

⑨手工具 代表廠商：瑞陽工具，全球前三大手工具廠。

⑩遊艇 代表廠商：東哥遊艇，全球第四大遊艇製造商，美國市場評價第一品牌。

註：以上部分資料來自網路

參

末端通路：實體(立地型)連鎖的行業、屬(特)性

No	屬 性	行業說明	特 性
1	技術＝產品	餐飲業、【製造業】	"人與物"均重
2	技術＞產品	醫院、診所、寵物、美容、美髮、指甲、按摩、健身、補習、保全、水電、汽車保養、保險….行業	以"人"為主
3	技術＜產品	超市、便利店、大型商場、百貨公司、各種專賣店、自動販賣機	以"物"為主

一、"人與物"均重

● **餐飲業**：可謂是為半個製造業，嚴格來說是 - 前臺(販賣產品)、後場(生產製作及或中央工廠)的經營模式。中西式餐廳的後場(廠)差別在，西式容易標準化，不必被師父所勻難；中式餐廳常憑火候、經驗，較容易被師父所勻難。生產製作的中央工廠(或門店的後場)即是製造業，其除本體連鎖門店的通路外，部分剩餘產能可多面化銷售其它通路。

- **製造業：** 被連鎖化忽略的行業，依個人經驗其在連鎖的規劃、發展、擴充而言，其經營哲理、架構方面許多部份是相通的。企業內部最欠缺的是人力、資金及外部國際化條件的當地政商關係、金融、法規、勞工政策、國際地緣政治…其實與台灣其他行業(含連鎖業)外移一樣且大同小異，只是政商層級、規模大小、複雜及困難度不一樣而已。以上的製造業連鎖國際化發展的，所欠缺的是政府帶頭對外的統合力量，僅靠個別品牌當地洽尋商機、台商組織、駐外機構的給力是不夠的。

二、以"人"為主

"個人與技術"是一體的，沒有"人"即沒有"技術"、沒有"技術"即沒有服務(產品)，甚至不少消費者(顧客)是跟著"人"跑的，就好像"人"如離開該場地，就可以把顧客打包裝箱帶走。同樣一套的技術手冊，不同"人"的演繹表現出來的服務(產品)就有不一樣的差異，除手藝、互動的談吐應對之外，還需要有對消費者(顧客)的愛心、溫度….等讓顧客信任、滿意、感動，也是重要關鍵因素。

此行業的市場定位可從高端、五星級、甚至金字塔頂尖層級客製化的服務，硬體的配套不難，難在人力素質軟體的增值服務，一般服務已不能滿足這類客層的需要，從國際語言、專業知識、常識的涉獵(例如：高爾夫、珠寶、股票、明牌包、虛擬貨幣…等)、談吐表達的自然、儀態、微笑甚至帶些幽默話術。

進入行動裝置的 e 化時代，手機平板電腦 ... 等介面的預約制乃是基本條件，尤其是高端客戶客製化的服務，客服使其預約過程中方便、快捷、高效是事先服務前段須注意，及服務中、服務後且 3 個月內的效果探詢、重要節慶、生日及家小、促銷前的資訊告知…等定期問候！

　　尤其事先經由 CRM 的 e 化內容及經由固定專人的服務，瞭解 VIP 貴賓的背景、喜好及習慣，皆是尊重及贏得 VlP 的必要功課，服務是要讓顧客感動及與其有共鳴的行為，更進一步能創造其額外需求的滿足，才算是頂極的服務、卓越的表現。

　　這類型行業的連鎖，依業態別有其特殊性、客製化量身設計的規劃差異。

三、以"物"為主

　　店面前台銷售"商品"為主，人員的培訓及操作容易標準化及簡單化，只要標準的 SOP 訓練、服務、應對及客訴危機處理的得宜，開店發展速度較快。當然強而有力後台的總部管理、規劃、物流配送、商品開發、行銷企劃、食安品管及檢驗……複雜繁多等也非常重要，所謂零售業即是零 (零) 碎 (碎) 行業。

　　台灣的便利商店 (CVS)，可謂是青出於藍、更勝於藍，尤其是貼近消費者的商品開發及需求創造性……等商品組合是首屈一指，就光是"茶葉蛋"的單品，其規模就可造就一家中小企業，其它種種商品更不勝枚舉。

四、結論：台灣製造業(世界)工廠連鎖化

1、台灣(本土及國際)連鎖化，從1978年統一企業集資成立統一超商及1984年1月28日，臺灣第一間麥當勞開設在臺北市松山區民生東路三段(店號：001)，由孫大強家族引進，經40多年及本土品牌們共同的發展，在台灣(華)人喜歡創業當老闆的習性下，因地制宜走出台灣自己連鎖店的特色，也造就了不少本土連鎖品牌，今日台灣的連鎖業已朝資本化、國際化且行之有年。根據本人規劃、輔導…連鎖業的經驗，連鎖經營的哲理對立地型行業而言60%~70%架構、邏輯是相通的，依業態別調整後是可稼接及適用。

2、台灣1979年制定「十年經濟建設計畫」，將機械、電子、電機、運輸工具列為「策略性工業」。1980年設立新竹科學工業園區，致以優惠鼓勵投資高科技產業。經40多年半導體產業已撐起地球半天邊，也製造出多個世界級的隱形冠軍。

3、上述兩者經四十年來兄弟登山各自努力，形同兩條平行線的發展，皆有了傲人的成果，如今魚水相幫將可同步、同軸產生1＋1大於2的共振放大效果，尤其是台灣製造業擇選隱形冠軍跨國連鎖化佈局，應由半導體產業扮演著領頭雁的角色，尤其是台積電當頭，除其相關的產業鏈企業外，即是白雪公主帶著多個隱形冠軍(不知名的小巨人)推廣打國際杯的群架。

4、大局看勢、中局謀道、小局圖利
   大國競爭下！台灣莞爾小島國的生存之道，戰爭講求不對稱作戰，經濟面又何嘗不是如此？30~40年來風水輪流轉，現今"大局時與勢"台灣站在有利的位置，需要把握且用力使盡，用最沒爭議的優

質製造業從經濟軟實力切入，製造＋連鎖行業＋道法佈局去撬動台灣在國際政經的影響力，再創台灣「龍行天下」的經濟奇蹟，「戲棚下！屬站久人擁有的」台灣人吃苦當吃補的韌性，是在努力不懈的道路上，終於遇到機會，「勢」到了！就使勁用「策略道法」，去圖「眾業之利」。

本人記得小時候住在台灣台北縣三重市菜寮地區時，家裡開柑仔(雜貨)店，當時賣菸酒時需要有台灣市場獨佔"台灣菸酒公賣局"的證照（白底圓鐵盤）掛在戶外，家父去補貨米酒時（好賣！市場需求量大），也都要必須附帶買些少量的紅露酒、雙鹿五加皮、紹興酒（市場需求較小）即強迫推銷；同理獨佔且主導全球市場的台灣半導體產業，怎可忽略這大好的局勢？何不如法泡製？

肆

何謂連鎖企業？四項一致

一、經營理念一致

舉凡經營觀念、顧客服務、工作價值、公司的精神文化透過嚴密有系統的教育、活動、獎懲、表揚，由上而下的力行、帶動及影響到全員。經營理念是卓越企業發展的支柱，須注入企業內每一位員工的骨髓裡。尤其是高、中、低階的管理層更是必須落實及恪遵，所謂"尾隨頭動"即是此道理。

有些企業將理念的精神標語，張貼出來僅是束之高閣，供奉在那裡給外賓看或對外宣傳及簡報用。經營理念的落實及永續，影響企業人格的發展及商譽甚鉅，往往是第2代、第3代…領導層漸行漸悖離初衷、不能守初心，而終至"樓起樓落"。

二、C.I.S (corporate identity system) 一致

經營的理念一致了，再加上廠內外的設施，如：動線、陳列、商標圖示、名片…等識別物一致化、口號一致化、儀式行為一致化、裡裡外外看得到、感覺得到的皆一致化。
企業識別系統(cis)構成要素，基本上有三者構成：

1. 企業的理念識別 (mind identity 簡稱 MI)

企業理念：就是企業的精神、座右銘，嚴格來說是企業的靈魂，在這個品牌下所有的夥伴同仁，包括轄下所有的連鎖業者，從上到下必須貫徹之。屬於"形而上"的特性。

2. 企業行為識別 (behavior identity, 簡稱 BI)

行為識別則是展現企業理念的作法，也可以說是企業的行為準則。任何一個企業所作的事情，不管是對外的部分，像是生產、產品、服務、業務、機密⋯等，或是內部的行為，如員工的權責、報告、會議、工作準則及考核、獎懲⋯等，都屬於行為識別的一部分。屬於形而下；接地氣實施的特性。

3. 企業視覺識別 (visual identity, 簡稱 VI)

指具體化、視覺化的傳達形式，項目最多、層面最廣。以標誌、標準字、標準色為核心展開的完整的、系統的視覺表達體系。將上述的企業理念、企業文化等抽象概念，轉換為具體符號展現。即是人、事、物對外展現，一看便知是屬於哪個企業品牌，一則表現對內行為的約束、二則對外表現品牌的信譽、三則代表該品牌對內外的榮譽。

舉例：味全 1953 年由黃烈火及合資對象創立。在昔日的台灣食品業，享有「南統一、北味全」的盛名，也是台灣第一家股票上市的食品公司。1982 年，味全成立中國青年商店股份有限公司，當時 " 青年商店 "―具備連而沒鎖多店的雛形，大約有 200 多家，但沒有一致的 CIS 識別，相對統一企業店數較少的 7/11，因為有一致性的 VI，感覺上店數就比味全的青年商店多且明顯容易辨識。

三、產品 (生產技術) 及服務一致

產品的生產技術、配方、數據、SOP 及相關 Know-How 都是由公司掌控，及所提供對外的服務皆一致化。

產品的原材料供應有兩大類：一公司統一供應、二地區性採購；須先經總公司核審、核可 及不定期 QC 抽檢。

四、運營及管理機制一致

連鎖業強調標準化、一致化，管理制度 (機制) 就是維護標準化的主要工具，因此必需建立一套標準化的經營管理制度系統；管理整個連鎖系統的是組織、制度規範、手冊、e 化，是法制而不是人治。組織、制度、標準使得成員們的差異減少，不因人而有所差異，不因"人"而設"事"，以功能及績效導向，這就是經營管理的功能。

結論：以上臺灣連鎖業行之有年的四個標準已非常成熟，其實製造業的運營應也是如此 (差異性可調整)，兩者結合可以相輔相成！製造業國際化框架亦以上模式出發及佈局。

伍

他山之石、可以攻錯

　　製造業＋何種連鎖形態？從台灣成熟連鎖行業中，選擇出最有利、最適合製造業發展連鎖的型態。註： 以下僅供參考，視業態別及本身的特殊性，調改之！！

一、連鎖經營型態分類

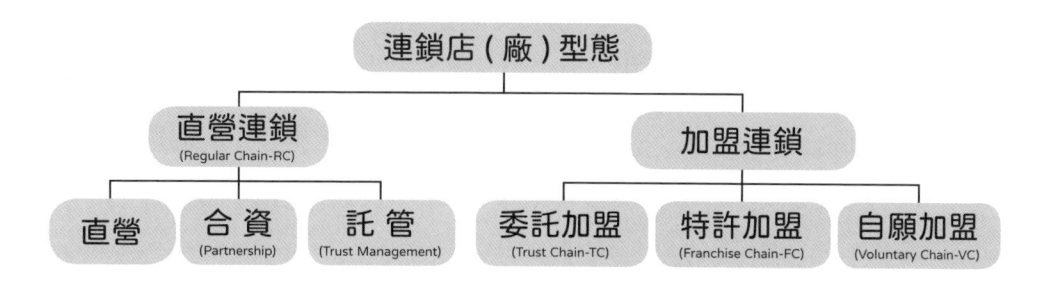

```
                    連鎖店（廠）型態
                    /              \
            直營連鎖                 加盟連鎖
        (Regular Chain-RC)
        /    |    \              /      |       \
     直營  合資  託管         委託加盟  特許加盟  自願加盟
        (Partnership) (Trust Management) (Trust Chain-TC) (Franchise Chain-FC) (Voluntary Chain-VC)
```

二、總部的控制力

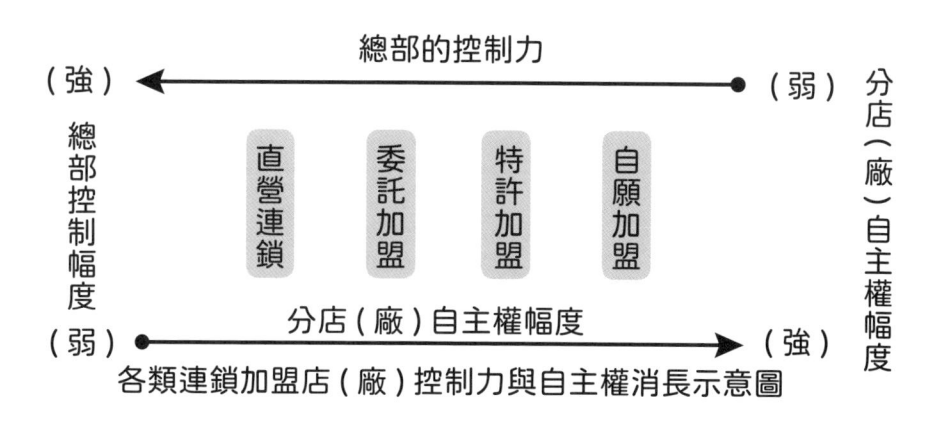

```
（強）←――――――― 總部的控制力 ―――――――●（弱）  分店（廠）自主權幅度
總部控制幅度
  [直營連鎖] [委託加盟] [特許加盟] [自願加盟]
（弱）――――― 分店（廠）自主權幅度 ―――――→（強）
```

各類連鎖加盟店（廠）控制力與自主權消長示意圖

三、連鎖經營型態比較表

連鎖經營型態比較表 (1)

項目＼型態	直營 (Regular Chain-RC)	委託加盟 (Trust Chain-TC)	特許加盟 (Franchise Chain-FC)	自願加盟 (Voluntary Chain-VC)
1、廠址（地）	公司（盟主）	公司	加盟業主	加盟業主
2、建廠	公司	公司	加盟業主	加盟業主
3、硬體設備	公司	公司	公司	加盟業主
4、產品（技術）	公司	公司	公司	公司
5、人事聘任	公司	公司及加盟主	加盟業主	加盟業主
6、教育訓練	公司	公司	公司及加盟主	公司及加盟主
7、管理模式	公司	公司	公司	公司及加盟主
8、經營方式	完全參與	大部份控制	部份控制	輔導（協助）
9、約束力	強	次強	次弱	最弱
10、經營成本	最高	次高	次低	最低
11、擴廠速度	慢	快	較快	最快

連鎖經營型態比較表 (2)

項目 \ 型態	直營 (Regular Chain-RC)	委託加盟 (Trust Chain-TC)	特許加盟 (Franchise Chain-FC)	自願加盟 (Voluntary Chain-VC)
1、資金	總公司投資	總公司投資	總公司或相互投資	由加盟主投資
2、決策	總公司	總公司為主	以總公司為主	以加盟主為主
3、所有權	總公司所有	總公司所有	加盟主為主	加盟主
4、經營權	總公司	加盟主	加盟主	加盟主
5、視覺系統	統一	統一	統一	原則統一
6、原材料進貨	總公司	總公司	總公司	原則統一
7、營業淨利	總公司所有	公司與加盟主分享	以加盟主為主	歸加盟主
8、價格	統一售價	統一售價	統一售價	售價有些彈性（原則須報備總部核示）
9、經營技術	總公司供應	總公司供應	總公司供應	自由利用
10、教育訓練	總公司供應	總公司供應	總公司供應	自由利用
11、客戶服務	統一實施	統一實施	統一實施	原則統一

四、連鎖特色(優.缺.財管.風險)比較表

1、連鎖體系優缺點比較表 (1)

類別	直營 (Regular Chain-RC)
優點	1、由總部集中管控，可即時掌握分店(廠)現況，確保產品及服務品質。 2、可聘用專業經理人才進行管理，以產生經濟規模效益。 3、透過大量採購可以獲得最大談判籌碼節省成本。 4、單一品牌集中行銷資源，可達雨露均霑的效果。 5、總部可結合優勢資源累積相當數量能、部門別 Know-How，延伸出子公司或顧問服務。 6、總公司因為店(廠)多易於與它業策略聯盟及衍生性的業外收入。
缺點	1、投入資金龐大，非一般中小企業能負擔。 2、拓點時非地方經營者，因此容易因資訊蒐集不夠充份發生危機。 3、當創新的腳步跟不上環境改變時容易面臨倒閉。 4、員工打工心態對於節約、降低成本、減少損耗較不用心。 5、人力資源、素質、人員流動率是總部困擾。

類別	委託加盟 (Trust Chain-TC)
優點	1、滿足當老闆當家作主的心態，並留住優秀認員員工。 2、公平的分紅制度，具極佳激勵效果。 3、加盟者已具備現場管理經驗，僅須稍加訓練觀察時間短。 4、原材料大量採購可以獲得最大談判籌碼節省成本。 5、單一品牌集中行銷資源，可達雨露均霑的效果。
缺點	1、總部無法保證分店(廠)長期獲力能力。 2、總部與加盟者關係從僱主改為合約關係，容易在合約條款發生糾紛。

類別	特許加盟 (Franchise Chain-FC)
優點	1、結合自願加盟及直營的優點。 2、可加快展店(廠)速展店(廠)速度，毋須鉅額資金當後盾。 3、原材料大量採購可以獲得最大談判籌碼節省成本。 4、單一品牌集中行銷資源，可達雨露均霑的效果。
缺點	1、總部無法保證分店(廠)長期獲力能力。 2、總部與加盟者為合約關係，容易在合約條款發生糾紛。

類別	自願加盟 (Voluntary Chain-VC)
優點	1、滿足當老闆當家作主的心態，加盟者自己投入資金且展店最快速。 2、經營權由各加盟者掌管可風險分散，經營上俱備因地制宜的快速、彈性空間。 3、原材料大量採購可以獲得最大談判籌碼節省成本。 4、單一品牌集中行銷資源，可達雨露均霑的效果。
缺點	1、總部對加盟者約束力較弱，容易淪為各自為政，失去整體一致性。 2、由於各分店(廠)經營不一致，難以塑造品牌形象。 3、少數不肖加盟者的不良經營，會嚴重影響品牌商譽。

2、連鎖體系財管 . 風險比較表 (2)

型 態	委 託 (license)
特色	1. 決策及管理權為公司（盟主）所有 2. 擁有部份人事權 3. 需支付加盟與權利金 4. 加盟主的利潤分配較少
優點	1. 公司（盟主）提供完整的廠務經營 Know How 2. 公司提供毛利保證 3. 公司開店投資低
缺點	1. 公司（盟主）控制力高，後勤團隊及督管、服務要強 2. 加盟主不得私自進貨 3. 加盟主須完全服從公司指示
財務管理	1. 由公司（盟主）提供一套完善的財會流程系統及表報 2. 公司提供稽核、內控及盤點…服務 3. 貨源由公司保證及承擔、營收匯回盟主
風險	與公司共存共榮，故風險低

型 態	自 願 (Voluntary)
特色	1. 決策及管理權為加盟主所有 2. 擁有獨立人事權 3. 需支付加盟與權利金 4. 加盟主的利潤分配獨享
優點	1. 須受公司（盟主）的牽制較少 2. 公司輔導層次不高 3. 加盟主會有部份自行進貨
缺點	1. 加盟主意願最高 2. 後續經營加盟主本身須具備營管、行銷、財務基礎 3. 公司不提供毛利保證
財務管理	加盟主可自行規劃營收資金運用
風險	與公司之關係薄弱，故風險較高

型態	特許 (Franchise)
特色	1. 決策及管理權為公司所有 2. 擁有部份人事權 3. 需支付加盟與權利金 4. 加盟主的利潤分配較少
優點	1. 公司(盟主)提供完整的廠務經營 Know How 2. 公司提供毛利保證 3. 公司開店投資次高
缺點	1. 公司(盟主)控制力高,後勤團隊及督管、服務要強 2. 加盟主不得私自作主 3. 加盟主須完全服從公司指示
財務管理	1. 由公司(盟主)提供一套完善的財會流程系統及表報 2. 公司提供稽核、內控及盤點…服務 3. 貨源由公司保證及承擔、營收匯回盟主
風險	與公司共存共榮,故風險低

五、結論

1、上述連鎖包括:二大類四種型態

　①直營連鎖(直營、合資、託管) (Regular Chain-RC)

　②加盟連鎖

　　1) 委託加盟 (Trust Chain-TC)

　　2) 特許加盟 (Franchise Chain-FC)

　　3) 自願加盟 (Voluntary Chain-VC)

2、兩缺

　　所有企業內部本身都會有的缺錢、缺人，但「連鎖型態方式」的發展可用來避免或減少這兩缺到最低(小)的困擾，製造業的人力素質更為重要，因技術程度的含量更深更廣泛，所以人力的培育、訓用合一更為重要，例：台灣高工(汽修、電工…等)、高職的美髮美容及餐飲科算是貼近學制與實用合一下，可供參考的實施典範之一。

①缺錢：除自籌資金外，尚有外部的金融、產業基金、私募基金及當地政府優惠資金…等多元資金的對連鎖業的挹注。政府應設立專業產業的主權基金，作為引導資金，再結合外部的資金，主要投資台灣本地有由全力發展的企業，但須要事先經過第三方民間專業機構的評估、輔導及規劃…等。

②缺人：台灣半導體產業蓬勃發展因台灣少子化，產業人力需求供需已嚴重失調，從理工科人才搶到商文科系，可看出其端倪。十年樹木、百年樹人，台灣政局好內鬥，短視缺乏短、中、長期跨部會的整體籌劃，產業缺人力的問題，一直以口號式的作文比賽應付了事。德國以技術研發、製造「學及用」為導向的中、高階學制，可做為台灣高科技人材培育的參考對象，以先進歐美為鑑！發現(參考、修改)比發明更省力、省時、省錢、更接地氣，德國吸收及引進國際人才參與、就學，高科技人材培育有一整套從上到下的教育體制策略來配合，並結合產業及學界，這是台灣政府對高科技製造業必須統籌、規劃、進行的職責。

　　人力可由當地的加盟者或當地政府提供給總部，經篩選及培訓，不足部份再由總部補充。

註：以上兩缺更進一步說明，如後；捌.打國際杯必須跨越的三座大山。

3、連鎖體系 e(數位)化的不斷精進

製造業連鎖國際化先決條件之一些，企業內部的 E 化、自動化及標準化，從 ERP 到生產流水線自動化 AI 程度的高低、系統各工作站及其 SOP…等必須完整建立。教育訓練可分任職前、中、後……等按工作崗位及職能別給予網際視訊教學，且可結合 MR（Mixed Reality）混合實境（是一種同時結合 VR 虛擬實境與 AR 擴增實境的技術）跨境、跨區域的教學及培訓，跨境、跨區域網路的資通、資安控管亦是相當重要的一環。

科技帶來不斷的精進，尤其台灣是半導體製造的強國，在與國內外軟硬體企業的強強聯手下，可謂是只能以日新月異來形容，其便捷、精確、一致性 SOP、可控的及時效率(包括生產流程、品管、數字化控管、培訓及維修保養…等，人、機、料 - 自動化 just-in-time)，跨越了時間與空間，讓總部與轄下各類別的連鎖體系，更能成一緊密的生命(運)及利益的共同體及正向連結，這些也就是製造業連鎖化、標準化所須要的。

4、那種型態連鎖體系是最好的選擇？

以製造業而言除直營之外，較宜採用那類加盟連鎖的方式？建議以委託及特許加盟這兩類為主，其因就是公司的掌控力高，因為牽涉到技術 Know-How 層面的問題；除非總公司資安系統非常完善，透過網絡的控管方式(含工作母機、機台流水線自動化…遠端遙控包含維修等) 生產線人機料的 in-out 得以掌握，就可考慮

採用自願加盟的方式加盟，但採用此自願加盟的方式不宜在最初發展時就走這一條路，台灣有些連鎖業採此發展的模式，最主要目的在擴大市場佔有率，後續的品質控管、服務方式…等，會讓總部的督核時會產生較多糾紛問題，對品牌及商譽有不良影響。

※ **舉例** 某美髮剪燙連鎖品牌，較具特色的經營方式(非百元剪髮品牌)：

業態別：以「人的服務」為主的美髮剪燙品牌

經營理念：老子無為而治；即每個人對自己負責、自我管理。

總部：僅提供陽光、空氣、水；即工作環境、網路品牌廣告行銷、網路個人別預訂服務系統。

設計(美容)師(歡迎二度就業婦女)：招攬客戶、把服務做好讓顧客滿意、個人的工作範圍整潔。

利潤分配：雙方採個人業績提成分配方式。

店面組織：一位會計兼行政及環境清潔、設計(美容)師8位以上(一人服務制；無助理)。

●**優點**

①減少公司管理及行政成本。

②減少公司人事成本、避免勞資糾紛。

③店址的選擇比較具彈性、開(設)店投資成本較低。

④適合具有專業技術的人二度就業、工作時間有彈性，可兼(職)顧家庭及或生活休閒。

●**缺點**

①共同理念、共識及忠誠度較低。

②人員素質、服務品質、專業技術及責任感難以掌握。

③設計師的管理及要求不易。

④設計師流（異）動率高。

● **公司總部**

①品牌行銷、預約訂位、各店管理、配合行動裝置及支付…等 e 化數位規劃及提供。

②公司後台滿意度調查及客訴服務要嚴謹，必須有效的回覆、返饋。

③定期每位設計師的個別營收、技術、客服（訴）的返饋及檢討。

④設置店務經理巡查、督檢、輔導、客撫… 等店訪工作。

⑤定期 (線上、線下) 培訓課程 (技術、服務說話技巧、增值專業技能、團建、激勵共識營…等)。

⑥提供工作環境及相關的營運設備。

六、連鎖(工廠)加盟規劃

連鎖加盟系統 - 工廠規劃流程圖

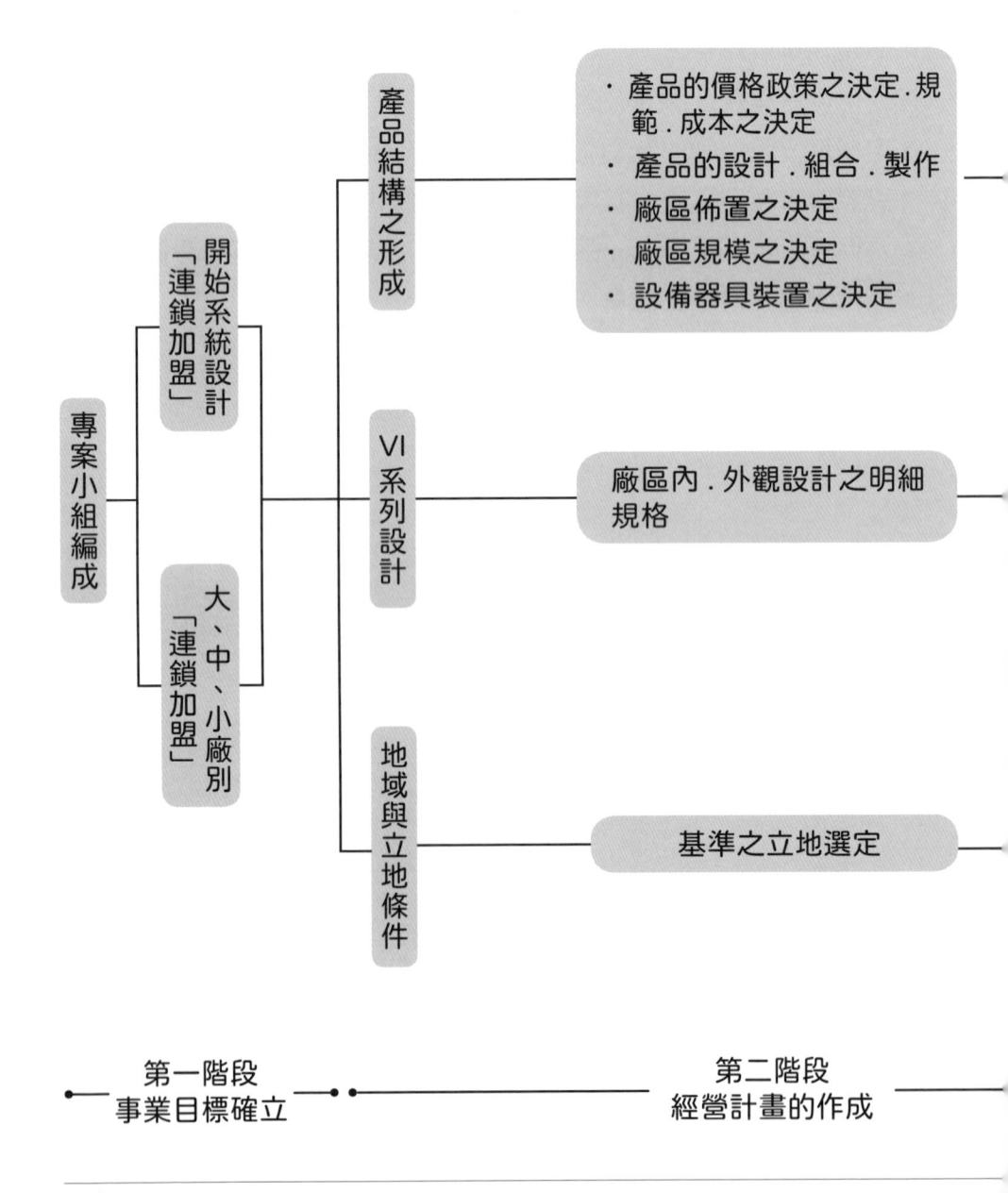

```
專案小組編成
├─ 開始系統設計「連鎖加盟」
│   ├─ 產品結構之形成
│   │   ├─ 產品的價格政策之決定．規範．成本之決定
│   │   ├─ 產品的設計．組合．製作
│   │   ├─ 廠區佈置之決定
│   │   ├─ 廠區規模之決定
│   │   └─ 設備器具裝置之決定
│   ├─ VI系列設計
│   │   └─ 廠區內．外觀設計之明細規格
│   └─ 地域與立地條件
│       └─ 基準之立地選定
└─ 大、中、小廠別「連鎖加盟」
```

第一階段　　　　　　　第二階段
事業目標確立　　　　　經營計畫的作成

```
                                              ┌─ 營收利益計畫書
                          ┌─ 營運相關費用確定 ─┤
                          │                   └─ 展廠(別)實際費用.資金
· 建築外觀確立             │
· 廠區內裝及動線           │                   ┌─ 加盟合同
  (含:機電.防震.防火.防颱  ├─ 展廠相關規定確定 ─┤
  風.防停水電等)配置及     │                   └─ 展廠的規範.流程.培訓.公關作業完成
  圖址確立                 │
· 原物料供應及衛星配合廠   │                   ┌─ 產品作業相關規範.手冊完成
  商確立                   │                   │
· 公共關係(PR)方法確立    │                   ├─ 教育訓練手冊完成
· 人資.薪資體系.人員安置   ├─ 作業方法開始設計 ┤
  確立                     │                   ├─ 管理運營手冊完成
· 生財設備裝置之標準       │                   │
· 產品標準化完成           │                   ├─ 前.後臺.VI....圖紙標準佈置完成
· 品質標準化完成           │                   │
· 庫存量標準化之完成       │                   ├─ 立地選擇程式完成
· 訊息e化.自動化之完成     │                   │
· 服務標準化之完成         │                   └─ 總部後勤支援系統、服務
· 地域標準之完成           │
· 其它…                    │
```

⟶ 開始拓展連鎖加盟系統

第三階段
連鎖加盟系統整體技術之確立

營運相關費用確定 / 展廠相關規定確定 / 作業方法開始設計

1. 未雨綢繆、大軍未動、糧草先行 - 決勝於未戰之前

專案小組分階段加入的成員包括：
第一階段：製造專業、連鎖專業
第二階段：製造專業、連鎖專業、資通及資安、財務專業
第三階段：製造專業、連鎖專業、資通及資安、財務專業＋
　　　　　相關專業成員加入各分項小組

2. 日程計劃控管

類別	內容說明	起 年	月	日	止 年	月	日	小組組長	小組助理	備註

陸

連鎖發展國際化考慮的因素

一、合作對象的選擇：以夷制夷是國際化必走的路，故選擇合作對象需考慮下列事項：

1. 背景。
2. 財力。
3. 社會聲望。
4. 經營理念及文化差異。
5. 能力和經驗。
6. 主要的經營團隊及品德和配合度。
7. 可運用的資源。
8. 原材料、附屬配件(料)供應及相關支持的衛星工廠。
9. 當地的社會及政經資源、人脈。
10. 對公司治理的企業化、專業化、公開透明及合法化。

二、進駐方式

1. 在當地註冊商標和成立授權子公司。
2. 或授權一連鎖示範工廠。
3. 或投資一直營廠。

三、採取大地域授權（MASTER FRANCRISING）

1. 授權年限以十年一期。
2. 明訂被授權者的資本、工廠數、期初授權費用及未來的特許授權及各類規費。
3. 總部支援輔導事項。
4. 其他權利和義務。

四、制度、部分附屬原材料的本土化

1. 制度的轉換考慮當地的法令規定。
2. 制度手冊翻譯成當地的語言。
3. 派遣熟悉當地環境的人選做主管。
4. 產品部分的附屬原材料、零件逐漸轉移當地授權製造或採購。
5. 產品主要核心的零配件，和製造配方、方法⋯由總公司加密提供及全權掌控。

五、國際化人才的培養

1. 進行國際化連鎖的成敗在於製造技術、連鎖經營，兩類人才缺一不可人才。
2. 連鎖經營：可從國際型連鎖業中挖掘人才。
3. 製造技術：因少子化，必須引進國外人才來台灣，結合大專院校提供學位及實習的機會， 其目的之一 培養、認同、接受台灣製造業的文化及習性。
4. 對人才的培育：施予巡迴各部門習性訓練。(建立個人別培訓護照-終身學習)
5. 由國際人才參與製造技術、國際連鎖經營 KNOW-HOW 的修訂和規劃。

六、打國際盃要籌組國家隊，由政府組隊帶頭，供應鏈、異業結盟

1. 找尋共同意願的企業。
2. 共同籌劃進運國際。
3. 打群架：從產品供應鏈中篩選、結合價值供應鏈的團隊。
4. 互相轉投資（或組合資管理公司）分散風險增加力量。
5. 共同辦公室或人力互相支援。
6. 政府帶頭當地政府談判，爭取當地金融、資金、優惠…政策的挹注。

七、相關國際產業組織、機構的交流、互動

1. 人脈的交流互訪、互訓。
2. 產品的交流、互相引薦產品。
3. 國際資源的互通以及增值服務。

柒

相關調查表

一、製造業自我體檢表

表1	類別	內容說明	有(O)	無(×)	不足(？)	說　明
本部基本條件	生產	1). 豐田 JIT 生產模式？				
		2). 品管七大手法？				
		3).5S 現場管理法 (若將安全（Safety）及節能（Save）列入，則稱「7S 管理」)？				
		4).MRP or ERP？				
		5).ISO9004？				
		6).MES？				
		7). 自動化程度？				
		8).AI 應用程度？				
		9). 其它：				
	銷售	1). 客服駐地及時服務？				
		2).OEM 模式？				
		3).ODM 模式？				
		4). 原廠自有品牌？				
		5). 其它：				

表1	類別	內容說明	有(O)	無(x)	不足(？)	說 明
本部基本條件	人資	1). 尋才：建教合作、實習、獎學金…？				
		2). 育才：個人訓練護照；職前中後、輪調…培訓計劃？				
		3). 用才：升遷、考核..？				
		4). 留才：激勵、獎勵..計劃？				
		5). 國際化人才引進培育計劃？				
		6). 其它：				
	研發	1). 研發經費佔？？ %				
		2). 國內外產官學合作？				
		3). 團隊人員素質？人數？				
		4). 其它：				
	財務	1). 財報透明化、公開化、正常化？				
		2). 內部稽核管理？				
		3). 現金流及財務分析？				
		4). 其它：				
	e化	1). 公文無紙化？				
		2). 資訊系統建全？				
		3). 資安管理？				
		4). 其它：				

表1	類別	內容說明	有(O)	無(x)	不足(？)	說 明
	資金	1). 擴充、拓展…資金？				
		2). 其它：				
	管理原則	①從人治到法治、②從記憶到記錄、③從感覺到數字(KPI) ④明文化、規範化、SOP化				
備 註						

二、加盟廠商 - 盡職調查內容提綱
　　（參考如後 - 拾.附件資料）

表2	內容說明	有(O)	無(x)	不足(？)	說 明
①	企業基本情況、發展歷史及結構 (The basic information, evolvement and organizational structure of the company)				
②	當地的政經關係 (Local political and economic relations)				
③	企業人力資源 (Human resources)				
④	市場行銷及客戶資源 (Marketing, Sales, and customer resources)				
⑤	企業資源及生產流程管理 (Enterprises resources and production management)				

表2	內容說明	有(O)	無(×)	不足(？)	說　明
⑥	經營業績 (Business performance)				
⑦	公司主營業務的行業分析 (Industry analysis)				
⑧	公司財務情況 (Financial status)				
⑨	利潤預測 (Profitability forecast)				
⑩	現金流量預測 (Cash flow forecast)				
⑪	公司債權和債務 (Creditor's rights and liability)				
⑫	公司的不動產、重要動產及無形資產 (Properties, valuable assets and intangible assets)				
⑬	公司涉訴事件 (Lawsuits)				
⑭	企業經營面臨主要問題 (Business obstacles and operational difficulties)				
⑮	其他有關附注 (Other issues and comments)				

三、當地(國、區域)設廠考量因素表

表3	內　容	調研暨分析					分數	說　明
	①政治的穩定性？	極優 (5)	優 (4)	普通 (3)	差 (1)	極劣 (0)		

表3	內容	調研暨分析					分數	說 明
1.政	②政府關係及有關人脈？	極優 (5)	優 (4)	普通 (3)	差 (1)	極劣 (0)		
	③該項政策支持度？	極優 (5)	優 (4)	普通 (3)	差 (1)	極劣 (0)		
	④日後政黨輪替有無影響？	極優 (5)	優 (4)	普通 (3)	差 (1)	極劣 (0)		
	⑤反對(黨)方對本項目的認同及影響？	極優 (5)	優 (4)	普通 (3)	差 (1)	極劣 (0)		
	⑥清廉、貪腐國際排名及影響？	極優 (5)	優 (4)	普通 (3)	差 (1)	極劣 (0)		
	⑦當地工會的影響力	有 (5)	無 (0)	不足 (2.5)				
	⑧外商的投資法律保障及優惠？	有 (5)	無 (0)	不足 (2.5)				
	⑨國家相關基金的補助及金額大小？	有 (5)	無 (0)	不足 (2.5)				
	小 計							
2.經	①文化及習俗的差異？	無 (5)	小 (4)	普通 (3)	大 (1)	極大 (0)		
	②所得和人口？	極優 (5)	優 (4)	普通 (3)	差 (1)	極劣 (0)		
	③市場潛力？	極優 (5)	優 (4)	普通 (3)	差 (1)	極劣 (0)		
	④各類稅務(捐)優惠？	極優 (5)	優 (4)	普通 (3)	差 (1)	極劣 (0)		
	⑤產品業務開發及拓展能力？	極優 (5)	優 (4)	普通 (3)	差 (1)	極劣 (0)		

表3	內　容	調研暨分析					分數	說　明
2.經	⑥金融及融資的國際化程度？	極優 (5)	優 (4)	普通 (3)	差 (1)	極劣 (0)		
	⑦建廠成本高低	極低 (5)	低 (4)	普通 (3)	高 (1)	極高 (0)		
	⑧預估稅前利潤率	極優 (5)	優 (4)	普通 (3)	差 (1)	極劣 (0)		
	⑨對外國的股權、公司法的瞭解及保障？	有 (5)	無 (0)	不足 (2.5)				
	小　計							
3.經營環境	①廠址土地的取得	有 (5)	無 (0)	不足 (2.5)				
	②市場競爭現況？	極低 (5)	低 (4)	普通 (3)	高 (1)	極高 (0)		
	③當地產品的原材料支持？	有 (5)	無 (0)	不足 (2.5)				
	④勞工人力的支持？	有 (5)	無 (0)	不足 (2.5)				
	⑤水、電、供應無慮？	有 (5)	無 (0)	不足 (2.5)				
	⑥通訊及網路暢通？	有 (5)	無 (0)	不足 (2.5)				
	⑦四週交通的暢通？	有 (5)	無 (0)	不足 (2.5)				
	⑧貨品物流的便利？	有 (5)	無 (0)	不足 (2.5)				
	⑨碳排放及環保評估的要求？	有 (5)	無 (0)	不足 (2.5)				

表3	內 容	調研暨分析			分數	說 明
3.經營環境	⑩相關工商：執業.消防.工廠.內銷.出口….證照及稅務、行政作業瞭解？	有 (5)	無 (0)	不足 (2.5)		
	⑪當地行政支持力度？(外商的單一視窗或專案承辦人)	有 (5)	無 (0)	不足 (2.5)		
	小　　計					
	合　　計					

1 政治、9題，2 經濟、9題，3 經營、11題，共29題×5分=145分；最高標145～125、高標124～101、普通標100以下 - 不及格 (待考慮)。註：以上數字區間的評估標準僅供參考。

※ 此表目的在調研要正確、詳實，不足之處再補充、不好的分數再努力提昇及改善。

柒、相關調查表 | 059

捌

打國際杯必須跨越的三座大山 - 地緣政治、資金、人力

一、前題：台灣在這賽局中的三大優勢

1. 地理位置優勢：

　　開店要成功！首要第一要素：是地點 (Location)，第二要素是地點、第三要素還是地點，台灣所處位置又何嘗不是，有一說法：台灣離天堂太遠，這是政治面消極、悲觀的說法，就政經、軍事發展戰略面；台灣是屬「三角窗店」搶手的亮點位置。

①就地理風水學而言：背山靠海、左青龍、右白虎。
- 背山：西面背靠腹地寬廣博大的綿繡山河、物饒人豐市場的中國大陸地區。
- 靠海：東面有浩瀚鉅量的水資源 (太平洋)。
- 左青龍：南向有廣大的東南亞商圈。
- 右白虎：北上有經濟、科技策略競合的日、韓強國。

②東北亞、東南亞兩者間的海上運輸及空運的樞紐位置。
- 台灣海峽及海域是全球最忙碌的航線之一，也是中日韓進出東北亞必須經過的水域，全球大約有 50% 的貨櫃輪船要經過此水域。
  ⓐ蘇伊士運河只佔全球海運的 12%。
  ⓑ巴拿馬運河只佔全球海運的 5%。
  ⓒ台灣及週邊海域佔全球海運的 26%。

③周圍重要經濟圈（區域）都在 3~4 小時以內的空運航程，具人流及物流時效的便利性。充分發揮此地理位置優勢，是設立亞太營運中心、研發 (總部) 中心、整合中心 (資源) 的最佳選擇。

● 亞太營運中心（Asia-Pacific Regional Operations Center）是中華民國政府於 1990 年代推動的經濟政策，以發展台灣成為亞太地區的經濟樞紐為目標。

亞太營運中心概念最早是由日本經濟學家大前研一在 1993 年間提出，時任中華民國經濟部部長蕭萬長採納了這個想法，並將「推動台灣成為亞太營運中心」做為接下來幾年李登輝政府的經濟政策主軸與口號。時空的物換星移風水輪流轉，如今的台灣有條件提出亞太營運中心的 2.0 進化版即：全球半導體的產運重心 (GSMF)。

● 全球半導體的生產營運重心 (GSMF；Global Semiconductor Manufacturing Focus)：此重心計劃將可影響台灣今後至少 30 年以上，希望能由更有專業前瞻性的產官學業者提出發展計劃，由政府來整合產官學的前沿資源，結合有識之國外廠商及本身優勢再造「護國山頭」。

● 半導體的研發 (總部) 中心 Semiconductor R&D (Headquarters) Centers 亦同上如此。台灣製產業群聚部落完整，核心廠商同步扶持帶動周邊廠商的品質及技術，且已形成眾星拱月、同舟共濟生命共同體，就台灣的便利、實力、人力及政府給力的一條龍式解決方案，是國外優質廠商在台設立半導體研發的首選之地。

● 全球半導體資源整合中心 (GSRIC；Global Semiconductor Resource Integration Center)：將台灣優勢"聚焦再對焦"-- 針

對 AI 產業的發展，政府主導、整合國內外優質廠商，提供「主權基金」參與投資，增加財政收入、全民分享利益，也在這一點四兩撥千斤撬動全世界。

① 輝達、超微、默克、美光....等國際知名公司，將研發、生產及物流中心的海外重心，分佈擺在台灣北、中、南部的黃金科技聚落走廊。

② 全世界只有台灣擁有 AI 技術研發及硬體製造的軟硬體兼備，從上游到中下游完整的產業供應鏈。

★ 伺服器晶片
- GPU（圖形處理器）：輝達。
- CPU（中央處理器）：超微、英特爾。
- DRAM（記憶體）：三星、海力士、美光。
- 矽智財（IP）：世芯-KY、創意、M31、智原。
- 先進製程晶圓代工：台積電。
- 封裝測試：日月光、京元電、矽品。
- 網通：聯發科、智邦。
- 伺服器管理晶片（BMC）：信驊、新唐。
- 高速傳輸 IC：祥碩、普瑞-KY。

★ 關鍵零組件
- 電源供應器：台達電、光寶科、群光。
- 散熱：奇鋐、雙鴻、超眾、建準。
- 伺服器電路板（PCB）：金像電、華通、耀華。
- 銅箔基板（CCL）：台燿、台光電、聯茂。

- 載板（ABF）：欣興、景碩。
- 伺服器機殼：晟銘電、勤誠、偉訓、營邦。
- 連接器：嘉澤。

註：2023 年全球前十大 IC 設計業者營收排名 (單位：百萬美元)。
　　來源：TrendForce 發佈。台灣公司 佔有 3 家

名次	公司名稱	國別	營收表現	備　註
1	輝達(NVIDIA)	美國	$55,268	NVIDIA，創立於 1993 年 1 月，是美國一家以設計和銷售圖形處理器為主的無廠半導體公司，總部設在加利福尼亞州的聖塔克拉拉，位於矽谷的中心位置。
2	高通(Qualcomm)	美國	$30,913	高通公司是位於美國加州聖地牙哥的半導體暨無線電通訊技術研發公司，由加州大學聖地牙哥分校教授厄文‧馬克‧雅各和安德魯‧維特比建立，於 1985 年成立。兩人此前曾共同創立 Linkabit
3	博通(BROADCOM)	美國	$28,445	博通，無廠半導體公司，產品為有線和無線通訊半導體，總部設在美國，現任 CEO 為出生在馬來西亞檳城的馬來西亞人陳福陽。創立於 1991 年，2016 年被安華高科技公司收購。兩間公司合併後，改名博通有限。

名次	公司名稱	國別	營收表現	備註
4	超微 (AMD)	美國	$22,680	超微半導體公司，簡稱超威或超微，是美國一家專注於微處理器及相關技術設計的跨國公司，總部位於加利福尼亞州舊金山灣區矽谷內的森尼韋爾市。AMD 創立於 1969 年，最初擁有晶圓廠來製造其設計的晶片，自 2009 年 AMD 將自家晶圓廠拆分為現今的格羅方德以後，成為無廠半導體公司，僅負責硬體積體電路設計及產品銷售業務。
5	聯發科 (MEDIATEK)	臺灣	$13,888	聯發科技是一間臺灣的科技公司，專注於無線通訊、人工智慧運算及其他先進技術的半導體晶片設計。成立於 1997 年，總部位於臺灣新竹科學園區，並在全球設有 25 個分公司與辦事處。
6	邁威爾 (MARVELL)	美國	$5,505	邁威爾科技有限公司（英語：Marvell Technology Group，簡稱 Marvell）是一家美國晶片製造商，專門製造儲存、通訊以及消費性電子產品晶片。公司由周秀文（Sehat Sutardja）博士、妻戴偉立（Weili Dai）、弟周秀武三人共同創立於 1995 年，總部位於美國加州聖塔克拉拉。

名次	公司名稱	國別	營收表現	備　註
7	聯詠 (NOVATEK)	台灣	$3,544	聯詠科技股份有限公司，是一家台灣無廠半導體 IC 設計公司與上市公司，屬於聯華電子集團的成員之一，成立於 1997 年，總公司設在台灣新竹科學工業園區。
8	瑞昱 (REALTEK)	台灣	$3,053	瑞昱半導體股份有限公司（英語：Realtek Semiconductor Corp.）創辦於 1987 年 10 月 21 日，是一臺灣無廠半導體公司，2016 年為全球十大無晶圓 IC 供應廠之一 [2]，亦是台灣第三大 IC 設計公司。
9	上海 韋爾半導體 (WILLSEMI)	中國	$2,525	●上海韋爾半導體股份有限公司（Will Semiconductor Co., Ltd. Shanghai，SH：603501）成立於 2007 年 5 月 15 日，總部位於上海，虞仁榮為創始人及實控人。韋爾股份是中國 IC 設計行業龍頭企業，是全球前三大 CMOS 圖像感測器供應商之一，主營半導體分立器件和電源管理 IC 等半導體產品的研發設計，以及被動件、結構器件、分立器件和 IC 等半導體產品的分銷業務。

				●曾是台積電最大客戶之一，中國IC倒爺：虞仁榮(清華幫)執有，收購美國豪威科技(世界前三大影像感測晶片公司)。
10	芯源系統 MPS	美國	$1,821	芯源系統是一家名列美國標普500指數(S&P500)成分股的類比IC設計公司，於2004年在美國那斯達克股票上市(NASDAQ: MPWR)。企業總部位於西雅圖灣區，自1997年成立以來，憑著紮實的應用知識、類比IC設計經驗及自有的先進製程，持續提供業界高效能、省能源及低成本的解決方案。

人形機器人供應鏈 (台灣 2025)

- 感測模組
  所羅門、佳能、華晶科

- 控制模組 (機器手臂)
  樺漢、研華、新漢、佳世達

- 機構模組 (氣動元件)
  上銀、亞德克 -KY、氣力、直得

- 軟體系統整合
  百達、凌群

- 驅動模組 (馬達)
  台達電、東元、士電、大同

- 其他零組件 (整機)
  盟立、廣明、鴻海、鴻準、中光電

創作者 :ACworks
圖片名稱 : 機器人 163
圖片 ID: 1711160
圖片網址來源：

https://zh-tw.photo-ac.com/photo/1711160/%E6%A9%9F%E5%99%A8%E4%BA%BA163

2. 產業優勢：

　　台灣有拳頭商(產)品，想到「漢堡」就想到「麥當勞」，想到「半導體」就想到「台積電」，半導體已是台灣的名片，所以半導體是公共財，已非私有法人財，半導體產業(以台積電為代表)應扮演極重要「領頭雁」的「主角」角色，帶著群雁往「藍海」飛，跟隨著雁群包括：相關產業鏈、隱形冠軍及具潛力的製造業、連鎖配套行業，政府則扮演導演、編劇、談判、發行的角色。以強帶弱、買大附帶小、有力的右手幫左手，一個人走的快但一群人走的遠，站在局勢(賣方市場)對我有利的時機，發揮產業+抱團的優勢，再造 MIT2.0、MIT3.0…。台灣島內 1) 多種製造產業聚落完整(且有多項隱形冠軍製造業)、2) 交通方面 1~3 小時快速流動、3) 製造產業聚落可多方互相"分工合作"等 -3 大便利特色。

3. 價值優勢：

　　優質的理念及人文素質，即是「自由、民主擺中間；開放、活力放兩旁；橫批 - 共榮共利」。台灣早已成為華人世界的民主燈塔，具開放、包融、多元化的社會，有言論、出版、宗教、結社…的自由，內含善良、勤勞、韌性的人格特質，莞爾台灣寶島短小精煉是充滿著活力的法制社會，如今選擇站在「價值認同」正確的一方，願意與有共同價值觀的國際友人交朋友，互惠互利、分享經驗。

　　中華民族五千年文化及精髓在台灣，在經先烈、先人、當今眾人篳路藍縷的血汗下，儒.釋.道加上台灣 400 年來多國(荷蘭、西班牙、日本)入侵的殖民統治、中西方文明的合璧融合，自成一良善、勇於自我檢討、批判、改善向上的人文素養。對外發展過程中輸出臺灣「價值優勢」軟實力為先，就如同商業銷售過程中，先賣「人」經對方信任及肯定後，再賣「產品」，這位「人」就是獨一無二的「台灣價值」優勢，先「志同」才能「道合」，進一步再同謀共商「共榮共利」。

二、地緣政治

　　從全球化→區域化→兩極化→選邊站、從自由貿易→公平貿易→保護主義的興起→關稅壁壘的築牆，對蕞爾小島的台灣是危機中的轉機，應充分把握這個時勢，發揮自己擅長優勢，政府帶頭打國際盃，結合產業(製造＋連鎖業)、金融、產業基金、法律、人才…等，籌組聯合艦隊打國際賽事。

　　兩岸的戰爭風險是不得不考慮的風險因素，不管此風險的大小？所以台灣產業以國際化來分散風險，也是眾望所歸唯一途徑，此戰爭風險國際社會的看法比台灣的還更迫切、更在意，所有雞蛋要不要放在一個籃子裡面？會因角色或利弊的不同？有不同的解讀？對台灣安全而言；半導體及 AI 的產業鏈是保護的厚(後)盾，但對外國而言又是不同看法，因台灣海峽的對岸方虎視眈眈，所以唯二辦法1、走出去：讓製造業走出去。 2、走進來：利用及創造本身的優勢及價值，讓國際走進來。台灣在對外發展過程中，以上種種的考量皆須換位多角度＋多角色來思考、知己更要知彼、知互補、知互惠互利，才能百戰不殆，戰略上未雨綢繆決勝於未戰之前，不要落入戰中求勝、敗中求援的下下策，商道中的王道與霸道的分別，在於贏得本身利益、更要贏得對方尊重及聲譽，才能在相互長治久安、共榮共存。

輝達(NVIDIA)與台灣 4 家廠商投資 USD5 千億于美國的 AI 製造計畫 (2025.04)

亞利桑那州 Arizona	德克薩斯州 Texas	
晶片：台積電 封測：艾克爾、矽品	超級電腦製造工廠：鴻海 緯創	未來四年完成建廠且量產

輝達：已經在亞利桑那州與德州承租超過一百萬平方英尺的製造空間

台積電全球佈局規劃

美國

亞利桑那 1 廠	4 奈米	2024 年底量產
亞利桑那 2 廠	2/3 奈米 2028 年量產
亞利桑那 3 廠	2 奈米及更先進製程	2025 動工

美國廠將更形重要

新建規劃：
- ★將興建 3 座晶圓廠
- ★將興建 2 座封裝廠
- ★將興建 1 座研發中心

德國

| 德勒斯登 1 廠 | 22/28、12/16 奈米 | 2027 年底量產 |

日本

| 熊本 1 廠 | 22/28、12/16 奈米 | 2024 年底量產 |
| 熊本 2 廠 | 6/7 奈米 | 2025 年初動工、2027 年底量產 |

台灣

新竹 2 座先進製程廠	2 奈米	2025 下半年量產
台中先進封測廠	擴 CoWoS 產能 2025 下半年量產
嘉義先進封測廠	擴 CoWoS 產能 2026 年底量產
台南先進封測廠	擴 CoWoS 產能 2025 下半年量產
高雄 6 座先進製程廠	2 奈米	2025 下半年

透過直接國外的併購對台灣而言,是擴大市佔率、競爭力,但對當地國而言,可能造成的市場壟斷而搬出反壟斷的法律手段,且容易引起當地國家的質疑又會因顧忌影響其與某國的市場、經濟…等利益的誘因等關係,甚至是被該國威脅+恫嚇+利誘(也可能是該某國在背後從中作梗-僅個人小人之心遐想),而設下大小障礙或藉口拖延讓併購失敗,致前功盡棄、功虧一簣,這表示台灣對外發展不是僅只有商業行為,另含有國際政商間搏奕的複雜因素。連鎖授權式的合作經營模式,不外乎是另闢另一種可行的投資及發展途徑,就連鎖業商道而言-幫助別人賺錢,本身會賺更多錢。

　　中美對抗之下,已沒有中間站隊可模糊地帶,台灣也只能從自己最有利的角度出發選邊站。"讓美國再度偉大"的號角響起,讓美國已從世界員警變成環球保全(營利)公司、從出錢出力變成要換成利益、從敵友有別變成損我有否來分別,以「關稅」作為談判「武器」,其中一個目的就是把製造業逼回美國,就以外銷為主的台灣而言,不外乎是一個危機但也是一個轉機的機會,就是以製造業變型的連鎖化的方式對外發展,也是種雙贏互惠互利的模式之一。

● **就美國而言「關稅武器」**
①符合美國製造業回流的訴求。
②可創造當地就業機會。
③是國家戰略的需求手段(換取經濟、科技、軍事….等國安)。
④既是一個"手段",但不一定就是"目的"。亦是一個火藥的引信,可威(恫)嚇,經盤算過可靈活砸向對方的不同領域,以(交)換取美國在戰略、安全…之所需,換句話說「關稅」是一個"量子糾纏"是0、可能是1、也可能不是0、也不是1的不可捉摸、不可

預測的變卦「武器」。總結一句話「關稅」亦可是幌子！？就是最後才出牌，要對方拿其所要的利益來交換、談判。

⑤高舉讓美國再度偉大(Make America Great Again-MAGA) 大旗，師出有名恢復美國傳統的榮光，對內"打掉"其國內不合理、僵化腐化的官僚及行政巢窩，"重煉"新的傳統價值觀；對外"打掉"不合理、不公平、不安全及蝕害美國的各種攸關利益，"重煉"建立起以美國為主的擴張主義、新的國際次序及遊戲規則。

結論：
談判策略之1 孫子兵法 - 謀攻篇"上兵伐謀"
不戰而屈人之兵：故上兵伐謀，其次伐交，其次伐兵，其下攻城。
談判策略之2 美國做莊(贏)家
莊家先叫牌「關稅」：等對方出更高更多的利益來交換。

●就台灣而言
①連鎖化可借巧力使力不費力。
②連鎖化仍可牢牢掌控品牌、技術、管理的主導權。
③國力及連鎖經營軟實力的延伸。
④日不落國、商業化、國際化的佈局。
⑤製造業連鎖化模式，台灣有絕對的主導及話語權，可從談判中取得最有利的多項條件。

結論：跳脫「藍、綠、白」內耗內鬥內行，須要一位大破大立的台灣川普及有使命、共識的團隊，才能對內：清除建制派內的沼澤的大.中.小鱷魚們；對外：應對今後國際的博奕變局。小國寡民的台灣為何不行？

三、資金

　　資金好比人體中的血液，缺血或貧血都會造成不良的影響，大軍未動糧草先行，尤其是國外的拓展成本？保守估計如未開發國家是台灣境內的 2～4 倍、已開發 & 先進國家是 3～5 倍，靠企業本身資金是遠遠不夠的，是必須靠本國政府及外部資金的挹注。

1. 台灣國家隊「政府、資金、項目」戰略圖

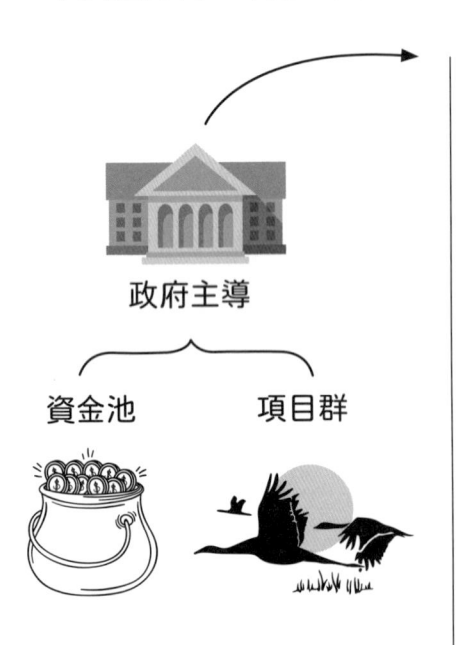

政府主導
資金池　　項目群

1. 產業 (引導) 基金籌組、建立
2. 國際盃產業品牌的整合行銷宣傳及籌組建立
3. 對外宣傳.推廣…等商展業務
4. 台灣項目展商的費用補助
5. 當地良善政商關係提供
6. 國際法務提供
7. 當地雙方合作前、中、後的服務
8. 當地食.衣.住.行.育.樂.簽証.居留.銀行戶頭…等生活及安居的安排及協助

項目類別	說　明	備　註
	半導體產業 (以台積電為代表)	領頭雁
	1. 半導體產業鏈 2. 隱形冠軍及卓越製造業依次的梯隊 3. 相關連鎖業 4. 其它	雁　群

資金類別	說　明	備　註
1. 產業基金	引導、種子基金	台灣政府出資
2. 主權基金	國家或政府機構級	外國資金
3. 金融支持及資金挹注	台灣駐外單位及公關公司	當地國
4. 私募股權基金 (全球私募基金規模-前十排名-如後附件)	1. 創投基金 2. 成長資本 3. 收購基金 4. 夾層基金 5. 重振基金 6. 市後私募投資 / 私募投資公開股權	外國資金

一、台灣國內：(相關項目)

1. 協力廠商專業團隊的盡職調查。
2. 輔導、規劃、培訓…等計畫以及改善
3. 標準化、系統化、E化、資安化
4. 連鎖發展所需的規劃及備妥
5. 所有資料、檔案的對外的語文及影音的翻譯
6. 人力面、資金面需求的調研及改善方案
7. 各項目方的總結報告
8. 其他事項

二、基金管理團隊及項目對接

1. 洽談、瞭解、篩選、報告及核示
2. 簽訂雙方合法、明文化，具法律效力的相關合約
3. 第1軍、第2軍…梯隊的安排及養成

三、國外項目對接

1. 洽談、瞭解、篩選
2. 協力廠商專業團隊的盡職調查
3. 項目方的總結報告
4. 簽訂合作雙方明文的權責，具當地官方認可合法的法律文件(合約)
5. 後續建廠工程.水電.交通…等證照，與當地政府協調、處理

2. 各式基金的說明、類別、投資步驟

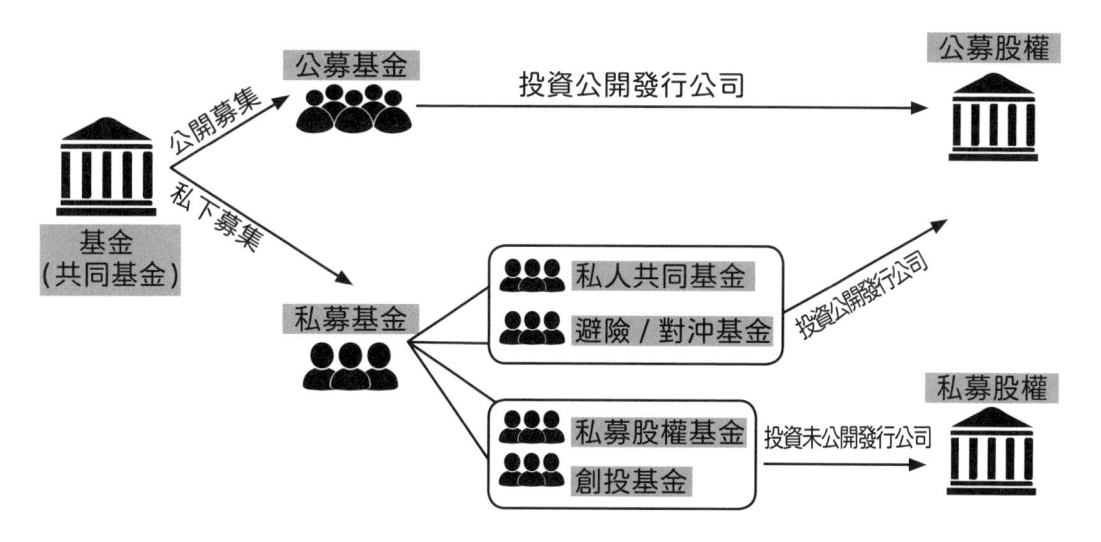

```
基金(共同基金)
├─ 公開募集 → 公募基金 ──投資公開發行公司──→ 公募股權
└─ 私下募集 → 私募基金
                ├─ 私人共同基金
                │  避險／對沖基金     ──投資公開發行公司──→ (公募股權)
                └─ 私募股權基金
                   創投基金           ──投資未公開發行公司──→ 私募股權
```

類別＼基金別	公募基金 (Publicly Offered Fund)	私募股權基金 (Private Equity Fund)	私募基金 (Private Offered Fund)
資金來源	公開募資	非公開募資	非公開募資
發行對象	無限制	企業投資者和超高淨值人士	企業投資者和超高淨值人士
投資標的	主要為上市公司股權	主要為私募股權	公開／私人公司股權
投資者數量	無限制	有限制	有限制
收取費用	固定管理費	除固定管理費外，一般還有經理人的業績報酬費	除固定管理費外，一般還有經理人的業績報酬費

基金別 類別	公募基金 (Publicly Offered Fund)	私募股權基金 (Private Equity Fund)	私募基金 (Private Offered Fund)
說明	<td colspan="3">・本文討論以私募股權基金為主。 ・私募股權基金為募資基金的其中一項，最大差別為：私募股權基金資金用途為未上市的私有股權，而私募基金則為上市股權。 ・私募基金（Privately Offered Fund）是指基金的資金來源來自於私下、非公開地向少數特定投資人募集，通常參與投資的資金門檻相當高，不針對大眾廣告宣傳，受到的監管也很少；最常見的私募基金形式，就是常聽到的對沖基金／避險基金（Hedge Fund）。 ・私募股權（Private Equity）是指未上市企業的股份；與上市公司不同，未上市公司沒辦法透過公開市場向大眾募資，而是向有錢的金主籌錢。 ・私募股權基金（Private Equity Fund），一般我們會看到以 PE Fund 或是 PE 簡稱）是私募基金的一種。以基金形式來看，私募股權基金包含 2 個重要關鍵：就是「以非公開方式募資」且「主要投資於私有股權」的基金。</td>

基金投資步驟

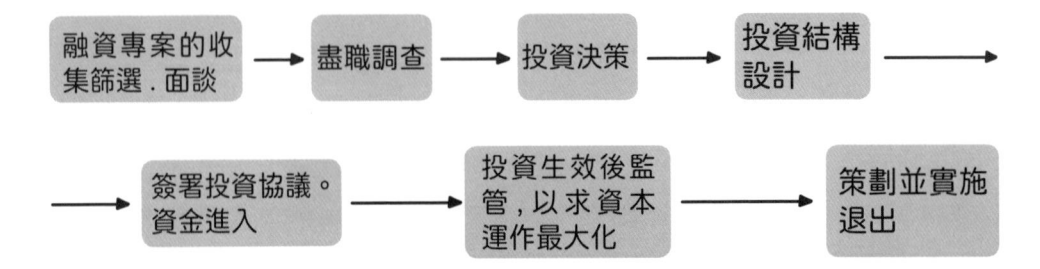

融資專案的收集篩選·面談 → 盡職調查 → 投資決策 → 投資結構設計 →

→ 簽署投資協議。資金進入 → 投資生效後監管，以求資本運作最大化 → 策劃並實施退出

融資公司方在管理和溝通方面的常見問題

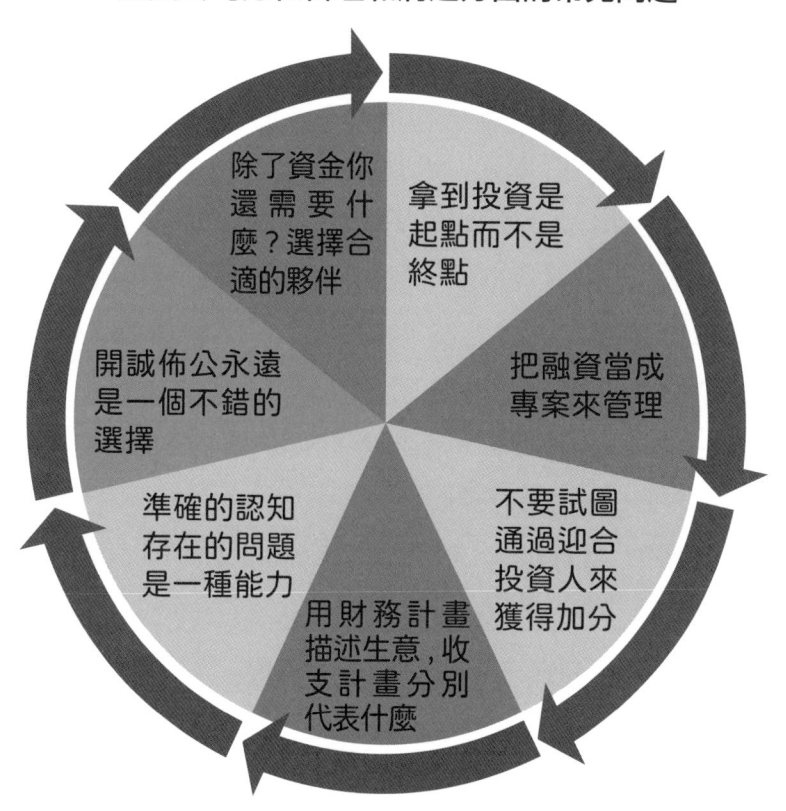

（圖：環狀圖，包含七個部分）
- 除了資金你還需要什麼？選擇合適的夥伴
- 拿到投資是起點而不是終點
- 把融資當成專案來管理
- 不要試圖通過迎合投資人來獲得加分
- 用財務計畫描述生意，收支計畫分別代表什麼
- 準確的認知存在的問題是一種能力
- 開誠佈公永遠是一個不錯的選擇

1. 除了資金你還需要什麼樣的選擇合適的夥伴
   1) 基金也有分顏色，即就是該基金針對什麼產業，對應什麼專業的基金。
   2) 該基金除資金外，相對的能提供實質且增值的附加價值的服務及資源。

2. 拿到投資是起點的不是終點
   1) 項目方將基金需求項目依類別細化說明，並要有 KPI 的數據，才會有基金方依階段性，分別將資金挹注，這期間每階段會經 KPI 的達成率的審核。

2) 項目方設定的 KPI 值需要採較保守，要能達成為主，請不要因為吸引資金而誇大或過渡美化。

3. 把融資當專業來管理
   1) 籌組各階段項目的負責小組成員。
   2) 列表投資的綱目、分類、細項……日程式控制管計畫。
   3) 定期週月季年度會議的檢討報告，及成敗困析比提出解決方案的執行及再列管 -PDCA。

4. 不要試圖通過迎合投資人來獲得加分
   1) 在務實的金融投資圈裡，都是專業擺中間，資金方的項目經理都要對該項目的成敗負責的。
   2) 勿以套交情、找關係、利誘 .. 想取得方便巧門，在金融投資窄圈裡，是注重個人"誠信"擺第一。

5. 用財務計畫描述生意收支計畫分別代表什麼
   1) 每個細項項目的資金投入的分析說明，該項目的說明且希望達到什麼效果？及日程控管。
   2) 預計各項收入及支出金額的詳實說明。

6. 準確的認知存在的問題是一種能力
   1) 發現問題的存在不能隱瞞，且提出對策解決。
   2) 魔鬼就在細節裡，不能忽略小問題，後續會變成大問題。

7. 開誠佈公永遠是一個不錯的選擇
   1) 說一個謊或虛假，要用十個謊來掩飾且會造成惡性循環。
   2) 開誠佈公雙方共同解決，誠實是最簡單的智慧。

3. 直接投資基金發展趨勢 - 認識投資基金及如何撰寫商業計劃書
   1) 投資基金類別投資階段

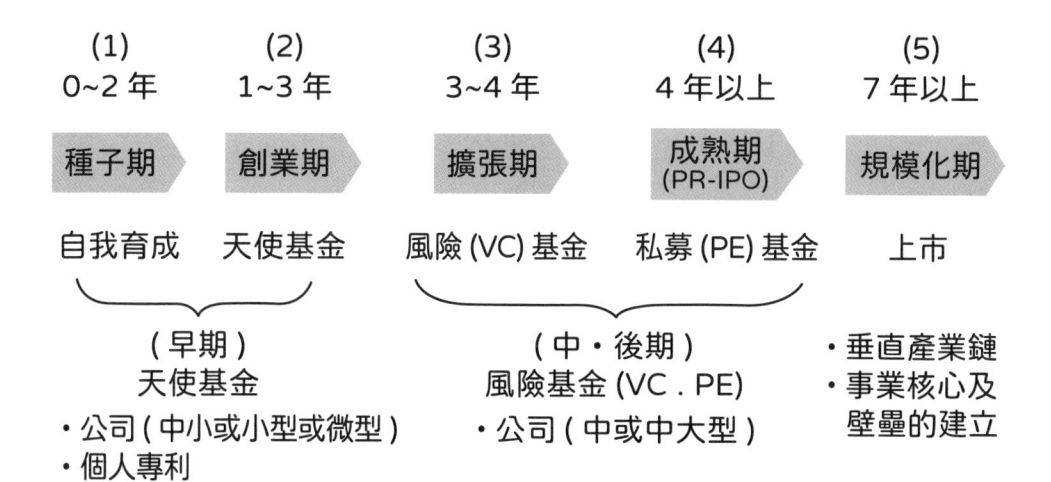

(1) 0~2年	(2) 1~3年	(3) 3~4年	(4) 4年以上	(5) 7年以上
種子期	創業期	擴張期	成熟期 (PR-IPO)	規模化期
自我育成	天使基金	風險(VC)基金	私募(PE)基金	上市

（早期）
天使基金
- 公司（中小或小型或微型）
- 個人專利

（中・後期）
風險基金(VC．PE)
- 公司（中或中大型）

- 垂直產業鏈
- 事業核心及壁壘的建立

一）、外商直接投資基金含義：是以私募股權和風險投資為主的，委託專業基金管理公司進行直接投資管理的，主要以產業投資為主的金融資本。國際上也稱"產業投資基金"。

（一）、資金來源：家族和個人、銀行資金、財團。發起後委託專業的投資基金管理公司進行直接投資。

（二）、特點：名稱有的叫"＊＊投資基金"，有的叫"＊＊產業基金管理公司"，也有的沒有基金兩字。例如＊＊產業投資基金管理公司。

1、直接投資而不是貸款，以實業和股權投資為主。
2、投資階段：創業投資和成熟期、擴張期的股權投資 - 上市退出。
3、財務投資，戰略投資者。不控股，派董事。

（三）、投資比例分析：15~20% 用於風險投資，60% 成長期產業投資，20% 上市前投資。

二)、外商直接投資基金的發展趨勢 (舉例說明)

(一)、直接投資基金成爲投融資領域一支非常重要的力量，『產業投資管理辦法』的設置。

(二)、20** 年 ** 吸引外國投資：在 20** 年，** 實際使用的外資金額爲 *** 億美元，略低於 20** 年創記錄的 *** 億美元。今年預計增長 5~10%。

(三)、20** 風險投資 (VC) 的投資總額 ** 億美元，同比增加 **%。

例：

1、3I 投資集團與美國普凱基金 **00 萬美金投資 ** 火鍋。

2、紅杉資本，基金 ** 億美金，投資 ** 家了公司，涉及的行業從 TMT(科技、媒體、電信) 領域一直延伸到農業、保險、動漫、福彩等行業。

3、*** 與 ** 控股公司近日宣佈，分別向該基金提供了 **** 萬美元的資金，創建了一隻 ** 億美元的風險投資基金，在未來數年投資於 ** 的包括科技、電信和工業行業的上市和非上市公司，但不包括房地產行業。

三)、投資企業的選擇標準

(一)、一支優秀的企業家和管理團隊。

※ 高素質的企業家，有豐富、卓越的經營管理經驗和業績。具體表現爲在此行業中已經有多年的豐富經驗，並取得了多項成果。

※ 選擇標準最重要的是看重和認可一支經營團隊。

※ 有著未來企業發展的戰略和雄心，並有務實的企業發展規劃。

※ 創始人誠心希望集合各方資源，迅速擴大目標、企業規模及影響。

※ 具有一支富於創新、務實精幹、生機勃勃的企業管理伍，並有高效運轉的組織結構和管理體制做後盾。

（二）、技術與市場（外部環境）

※ 從某種意義上說，直接投資的不是一個企業，而是一種技術或市場的未來。

※ 該技術不但要先進，而且最重要的是判斷其是否迎合未來市場發展的需求，是否是現有技術的終結者或者是替代者。

※ 該技術所處行業所產生的產品或者服務，能否產生新的行業或者產業革命。該技術是否為國家政策所鼓勵和扶持，是否享受有關政策的扶持。

※ 市場前景是否良好，收益豐厚。市場增長是否足夠快，能否形成可持續發展的新興產業的前景。

※ 國內和國外市場結合分析，從而確定是否具有廣闊的該國其鄰近地區的國際市場和潛在的市場。

（三）、投資階段和退出管道

※ 一般考慮企業成長期和擴張期最佳。具有有效可行的獲利模式，初具規模但尚需資金迅速擴大市場的階段或是企業已經穩步佔有市場，但需要進一步擴張及購併。

※ 另一投資階段在 PRE-IPO 時期，此時企業已經形成規模並尚需通過最後私募達到上市的階段。

※ 股東結構清晰，股權設置符合未來上市的要求，或者是目前的股權結構已經為未來在海外上市打下基礎。

※ 若短期暫時沒有上市退出的機制和條件，那麼企業是否有類似發行可轉換債券的可能，是否存在大股東回購的承諾 (例：附買回或對賭條款) 可能…等。

(四)、企業與競爭（內部因素）
※ 最核心最重要的問題就是企業的核心競爭力到底在哪裡？
※ 企業的技術或市場的競爭力、市佔率，在本行業內排名是否在前五名之內。
※ 是否有出色的市場行銷概念、組織體系和一支通暢的銷售團隊、管道及網路資源。
※ 原材料的供應是否有保障，包括原材料的採購、運輸、配送、政府及國際趨勢 (地緣政治因素…) 等環節。
※ 原材料和產品的價格變動關係如何，毛利率的變動趨勢等。
※ 產品的生命週期如何，行業進入壁壘如何，新產品領先於同行業多長時間，是幾個月還是半年還是 1 年甚至更長。

2)、總結：直接投資基金投資的基本特點
1. 投資回報率在 20~40% 尤 (最) 佳及以上, 太少 5~6% 不可行。
2. 投資在成長, 擴張和上市期 ; 已經有 2~3 年以上的成立歷史。
3. 股權結構清晰, 退出機制有保證 ; 時間 3~7 年。
4. 投資不謀求控股 (一般最高佔 25% 以內)。

3)、財務報表 (資金需求方提出)
・過去三年的財務報表

- 資產負債表
- 損益表
- 現金流量表
- 股東權益變動表
- 其它比較報表 (含上述四種表)
- 投資 (項目中類別內容的金額及成本) 估算表
- 經營成本 (各項成本分析及說明) 預測表及單位產品成本估算表 (前題假設條件)
- 營業收入 (各來源別) 預測表 (前題假設條件)
- 投資報酬分析表
- 現金流量表
- 預估損益表 (含各項稅金) 及固定資產折舊費估算表
- 資金來源與運用表 (投資計畫與資金籌措)

基金 (VE、PE) 投資選擇標準

No	評估內容	選擇標準	分數
1	經營團隊	核心人物的理念、履歷,領導藝術,團隊配合機制、團隊激勵機制	15 分
2	股本結構	股本歷史沿革,前 5 大股東情況,管理層持股情況,未來股權設置	7.5 分
3	組織架構	公司部門架構設置,日常管理運作模式	5 分
4	行業特徵	行業宏觀及微觀狀況,行業技術的發展現狀及趨勢,行業的競爭情況,進入門檻,行業政策取向	7.5 分
5	原料供應	原料供應情況(包括採購、運輸、配送),原料價格波動趨勢,原料占產品成本比重	10 分

6	產品狀況	公司前5大客戶情況及比重,產品的差異、特色、組合狀況、市佔率、產品定價能力,產品銷售管道和網路,持續研發能力為重點之一	15 分
7	財務狀況	各項主要財務指標,公司資產狀況、負債及抵押情況	10 分
8	未來發展	公司所處行業未來發展趨勢,公司未來發展潛力	7.5 分
9	同業競爭	公司行業排名,公司核心競爭力及優勢	7.5 分
10	退出管道	公司未來退出管道設計,公司分紅能力,退出承諾和保證	15 分
		合　計	100 分

基金投資的風險控管規律

●規律一、分階段投資
・分批(金額)分階段。
・專案每階段明顯的「數位、目標」達成的評估、審計 - 強力激勵管理團隊。
・範例:百度。

●規律二、人的因素重於項目
・團隊成員的背景、專業及互補性。
・主要成員有否共事或認識多年或瞭解。
・範例:＊＊(旅店＋IT的團隊)、＊＊(＊＊20年的經曆)。

●規律三、低工資、高激勵
・依商業計畫下提出執行日程進度及目標、績效(數位化)。

・激勵包括：股份(爲主)或其它(例：分紅)。
●**規律四、以業績換控制權**
　・投資者爲激勵管理團隊會將公司控制權出讓(契約約定)。
　・深圳＊＊鐳射(高管創始人：○○○)。
●**規律五、決策、目標、績效等數字化 KPI。**

4. 募集資金的運用

1) 通過本次募集的資金額及計畫用途。
2) 投資專案情況介紹，(包括其市場分析、投資的項目、建設的週期和投資預算)；如根據投資計畫，在一定時期有資金閒置的情況，則應說明該時期如何利用資金。
3) 投資專案使用資金的計畫時間表、專案效益的產生時間、投資回收期，各投資專案的輕重緩急；
4) 項目效力預測(未來實現的收入、現金流、及利潤)；
5) 項目立項批文影本。

※ 上述內容：以 5W2H 的表達方式並逐一敍述出來(亦可是 ppt 簡報的路演模式)
　・WHY—須多少資金？爲什麼？爲什麼要這麼做？理由何在？原因是什麼？
　・WHAT—是什麼？目的是什麼？做什麼項目(工作)？有什特色、差異、核心技術(壁壘)及可增值？
　・WHERE—何處？資金用在那裡？從那裡入手？
　・WHEN—何時？資全投入的時間？多久何時完成？什麼時機最適宜？分階段(明細)& 其金額？

- WHO—誰？專業性及團隊？由誰來承擔？誰來完成？誰負責？
- HOW—怎麼做？如何提高效率？如何實施？方法怎樣？
- HOW MUCH—資全投入後做到什麼程度？數量(類別、產品…)如何？未來預計可達到的效果、收益 or 利潤產出如何？

註：天使投資 (angel investor)、VC(venture capital)、PE (Private Equity) 都是資本市場的用詞。他們三個的作用，都是給企業投資，只是進場的時機不一樣。

1. **天使投資(孵化或育成)**：企業初創期，企業剛剛成立，或者沒有成立的時候，投資者多數為有能力的個人，少數為機構，這個時期的投資主要關注的是這個企業的團隊和創業思路以及專案的未來發展。

2. **VC**：風險投資，在天使輪投資之後，介入節點為企業上升期，針對的是一些發展中的企業，企業的的中期階段，企業在發展過程中，運行很好，有想法擴大規模，但是缺錢資金，這個時候就是 VC 的介入點。但是 VC 對企業審查的要求也高了，需要你的詳細的想也計畫書。和未來發展的確定方向。

   一般 VC 階段投資人主要會看：
   ①企業團隊成員的背景實力以及團隊組合；
   ②企業所在行業賽道的未來發展空間以及相關國家政策是否支持；
   ③產品是否有技術壁壘，是否申請了相關專利；
   ④商業模式和未來盈利模式是否清晰；
   ⑤所需資金規模、估值以及資金使用規劃；
   ⑥天使輪投資人背景；

3. PE：介入節點爲企業巔峰時期，如果企業接觸到 PE 的介入，那就企業有進入 IPO 的打算了，也就是上市，這個時候就需要企業的經營穩定，業務明確，且至少三年內持續爲盈利狀態，並且有合理的股權分配以及公司爲股份有限公司。

那麼這個階段企業對於投資人的需求就更加明確，除了錢，還需要資源！幫助企業快速發展，提高市場佔有率，協助其完成上市，如果僅僅給錢，企業基本上不優先考慮。這時候 PE 投資人更看重：

① 企業所在行業的發展空間 / 市場規模，企業目前的經營發展狀況，過去 3 年的營收增長率、市場佔有率，部分案例會看淨利潤增長率和淨現金流情況；
② 看公司擁有的核心產品、技術實力以及待研產品發展規劃；
③ 看公司商業模式和盈利模式是否有瓶頸或瑕疵；
④ 看公司既往財務帳目是否清晰，既往融資資金的使用情況以及是否達到了之前發展預期；
⑤ 本輪估值、融資計畫、後續資金使用計畫以及上市計畫安排；
⑥ 公司的股權結構是否合理；
⑦ 公司既往投資人背景以及是否有早期投資人多輪投資跟進的情況；

當然，不僅限於此。但是如果上述 7 條都能獲得投資人認可，同時投資人可以給予其資源協助助力其快速發展，相信投資會很順利完成。

作者：華爾街之狼
連結：https://www.zhihu.com/question/19814287/answer/2325938039
部份來源：知乎

4. 融資中注意區別"投資機構"的陷阱 (以該地區大陸爲例)

① 大多數投資機構或比較好的投資機構在當地國有公司，而不是代表處 (＊＊＊＊北京代表處)，大多數都不是什麼好的投資機構。除了極少數剛剛進入該地區的。讓他提供母公司的證明資訊，資金額＊＊＊。
② 投資案例：提供投資過的案例，並經過電話核實。小心假案例，沒有案例或正在意向中不算。
③ 偽機構的手法：對於法律意見書、商業計畫書、投資價值分析報告，有特別提防共同出費的假像，還有指定的機構寫。一般真正的投資機構不指定。
④ 對專利轉化的建議：不是直接的技術買斷，特別是國外公司，投資公司，有良好的心態，更多的是開展專利合作。

四、人力

企業止於人、事在人為、人對事就對一半、是人做對的事.才能把事做對，禍起蕭牆也是人，即所謂「人能駕舟、亦能覆舟」。對個人的人力素質要求不外乎四個條件：人品、專業、執行力、團隊合作，對公司的人力資源不外乎四個目標：尋才、育才、用才、留才。

打國際盃對人力素質 (四個條件) 的要求更是重要，還要加上一條有「使命感」，高手在民間在各個產業，政府應充分運用民間企業力量篩選、籌建團隊。

1. 就短.中.長程計畫 - 政府應有所作為
  1) 短程：
     ・設立專責任務機構。

- 統籌、分配台灣國內各大專院校(有意願)畢業前一年實習(有償)學分制的建立。
- 引進國際學生人、才進入相關大專院校工讀實習1～4年建教合作及開設有關的理論及實務學程。

2) 中程：
- 有關專業獨立學院的建立(建教合作)，設立從建廠.研發.製造.材料…等各科系。
- 國作際學生招生、引進。
- 專業獨立碩士班(產.官.學-國際合作人才的交流、合作)。

3) 長程：
- 博士班、博士後研究的設置。
- 國際研發(國內外專家)學院的設立、打造宜居的科技大學城。
- 以生產製造為核心向上整合或向下整（或聯盟），以本島為基地的產業鏈。
- 以生產製造為核心水平整合（或聯盟），以本島為基地的產業鏈。
- 再造多座護國神山群的建立。

2. 結論：十年樹木、百年樹人，教育的目除傳道、受業、解惑外，另在於

1) 台灣工作文化、工作人倫的培育及薰陶

台灣製造業的奇蹟其中一項就是台灣人工作精神的特質，使命必達的責任感，唯有置身其中的實習、工作才能習慣及體會，所謂「羊入虎群變虎」即是這個道理。

這與先進國家工作上講求「個人主義」且必須按部就班、不懂變通是截然不同，尤其是半導體製造生產線必須24小時不能中斷、有問題即刻處理不能怠慢，不能因為下班時間到即刻走人、有危

機發生時，各廠人員必須於規定廠址(地點)、規定時間內，須即時動員到達支援即「一方有難、十方動員」、不能受當地工會打壓及干擾，以上種種這些工作態度與許多國家是不同的。

東西方工作文化的差異是存在的！

剛開始會讓西方工作夥伴很難適應，怕的是當地工會及政治力的介入，往往讓好事怠慢拖延、紛爭不斷、徒增雙方兩敗俱傷，因製造業的生產的流水線，講求團隊的合作及緊密連慣性，是沒有"個人主義"喜好的空間！物競天擇、適者生存，在進入台灣企業前須事先瞭解及有心理準備！

「快魚吃慢魚」時效力(率)是成功要素之一，「不進則退」已是舊思維。

> 註：未來的 AI 機器人及生產線的自動化(關燈工廠)，可解決不少人力上種種的問題。

2) 才、材、財共構的台灣產業特色

即培養人才、適材發揮、散財獎勵。培養"實用"人才必須從教育＋產業著手才能接地氣，讓員工能依材適所發揮、幫員工尋及創造未來亦是企業留才的方法之一，財散人聚(財聚人散)：共享與分享成果，讓從事該行業人員也能成打工貴族(皇帝)及生活的保障。

3) 國際人才孵育、養成中心

科技始終來自人性。打造以人為本、以科技為體、以生活為用的學程教育，官.產.學三方一起戮力以赴，以該專業領域學校成為世界前三大排名內的設定目標。

3. 企業人力資源作業體系 - 流程圖

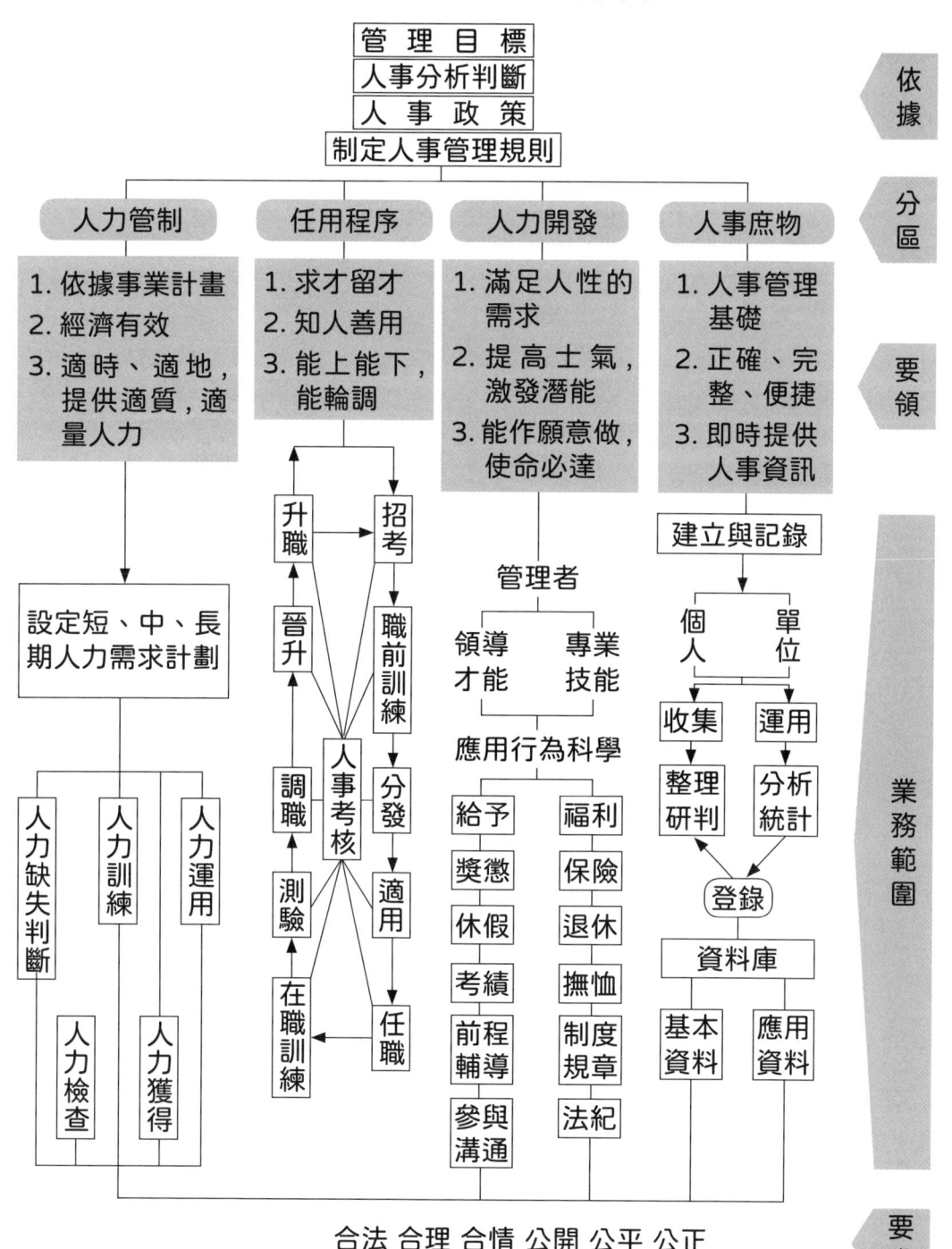

```
          管 理 目 標
          人事分析判斷
          人 事 政 策
          制定人事管理規則
```

依據

分區：人力管制｜任用程序｜人力開發｜人事庶物

要領：

人力管制
1. 依據事業計畫
2. 經濟有效
3. 適時、適地，提供適質，適量人力

任用程序
1. 求才留才
2. 知人善用
3. 能上能下，能輪調

人力開發
1. 滿足人性的需求
2. 提高士氣，激發潛能
3. 能作願意做，使命必達

人事庶物
1. 人事管理基礎
2. 正確、完整、便捷
3. 即時提供人事資訊

業務範圍：

人力管制分支：設定短、中、長期人力需求計劃 → 人力缺失判斷／人力訓練／人力運用 → 人力檢查／人力獲得

任用程序分支：升職、招考、職前訓練、晉升、調職、測驗、在職訓練、人事考核、分發、適用、任職

人力開發分支：管理者 → 領導才能／專業技能 → 應用行為科學 → 給予、獎懲、休假、考績、前程輔導、參與溝通／福利、保險、退休、撫恤、制度規章、法紀

人事庶物分支：建立與記錄 → 個人／單位 → 收集、整理研判／運用、分析統計 → 登錄 → 資料庫 → 基本資料／應用資料

要求：合法 合理 合情 公開 公平 公正

4. 企業人力資源的培育、基本流程操作規範

1) 個人別的"培訓護照"建立
2) 部門別、職（岡）位別、功能別、升等別…等訓練課目及計畫
3) 輪調計畫及各梯隊接班人才的儲備
4) 訓練及事後表現成果與薪資、獎金、升等…掛勾
5) 國際化人才的引進及培育
6) 人資基本流程操作規範

基本程序	應用表單	說明
人員招聘依據	1.《20**年度人員需求計畫表》 2.《人員需求申請表》	1. 根據《20**年度人員需求計畫表》編制年度招聘計畫。 2. 各部門根據規劃和崗位的餘缺.編制增補招聘計畫和人員儲備計畫。
應聘人員填寫人才登記表，對應聘者進行篩選	1.《應聘人員登記表》 2.《內部人員應聘申請表》	1. 基層人員填表。 2. 主管以上管理人員填表。 3. 內部人員競聘崗位填表。 4. 要求表格內容填寫詳細完整。
面試（初試、複試）	《應聘人員面試評價表》	1. 人力資源部查驗各類證件原件，預留影本，對重要崗位需提供戶口所在地派出所戶籍證明原件。 2. 人力資源部初試，用人部門負責人參與複試。部門經理及以上崗位總裁最終複試，基層人員由人力資源部經理或用人單位負責人最終複試。 3. 初試.複試面試官均應會簽面試意見，人力資源部以最終面試官意見為准。

背景調查	《擬錄用人員背景調表》	1. 對財務.技術.工程.部門主管級以上管理人員必須進行背景調查。 2. 背景調查要儘量詳細記錄在表上。 3. 半導體相關產業，因中美問題敏感，有陸籍配偶的職員工，須註明及稽查。
審批確認錄用人員工資	1.《新員工錄用審批表》 2.《新員工錄用工資確認表》	1. 錄用必須經相關部門會簽。 2. 新錄用員工必須由本人簽字確認雙方談定的工資。
簽訂勞動合同及保密協定	1.《試用期協議》《勞動合同》 2.《保密協議》 3.《續簽勞動合同通知書》 4.《勞動合同解除證明》	1. 所有公司員工必須簽訂《勞動合同》。 2. 主管及重要崗位須簽訂《保密協議》。 3. 合同期滿前一個月由人力資源部發出《續簽勞動合同通知書》續簽《勞動合同》。
建立新入職員工檔	1.《員工人事檔案登記表》 2.《擔保承諾書》	1. 新員工按要求提供各類證件原件，經人事專員核對影本簽字後歸檔，並填寫《員工人事檔案登記表》。 2. 新員工簽屬《擔保承諾書》，提供新員工《員工手冊》、工作證。
入職引導	《新員工入職引導表》	1. 按表單順序及要求由相關部門及崗位人員安排新員工儘快熟悉和掌握公司及崗位基本工作環境及要求； 2. 參加新員工培訓。

新員工上崗	1.《新（實習）員工報到通知單》 2.《新員工部門崗位培訓表》 3.《新員工崗位培訓回饋表》 4.《新員工試用期內表現評估表》	1. 開具報到通知單，一式二份，一份報到；一份留存。 2. 新員工到崗一周內填寫表2.3。 3. 新員工到崗一個月後填寫表4。
員工實習（試用）轉正考核	1.《實習（試用）員工考核表》 2.《管理層試用期考核表》 3.《員工提前轉正申請表》 4.《員工轉正自我考核表》 5.《員工轉正通知單》 6.《延長試用期通知單》	1. 本表僅供實習（試用）人員用。 2. 本表由有考核權的部門填寫。 3. 本表僅供於管理層人員使用。 4. 員工提前轉正必須工作業績突出並經過考評； 5. 凡員工轉正本人必須先行填寫《員工轉正自我考核表》。 6. 考核合格後發放轉正通知單。 7. 考核不合格者辭退或延長試用期。
員工異動	1.《員工內部調動審批表》 2.《人事調動交接單》 3.《員工內部調動通知單》 4.《員工晉升/降級申請表》	1. 員工調動由人力資源部執行，其他部門不具有人員調整權利，基層員工調動由子公司總經理批准，部門經理級別及以上調動由總裁批准。跨子公司調動一律報集團人力資源部辦理。 2. 所有員工調動必須完整的辦理交接手續。 3. 開具調動通知單，一式二聯，留存.報到各一聯。 4. 根據員工的自身表現，有考核權的部門或個人均可填寫《員工晉升/降級申請表》。

外派支援	《外派支援通知單》	1. 子公司內部員工外派支援由人力資源部執行，其他部門不具有此權利。 2. 跨地域或境外外派支援由總公司人力資部統一辦理。 3. 開具外派支援通知單，一式二聯，留存.報到各一聯。
員工職務任命	《任命檔》	員工職務變更以公司總裁簽發的檔為准（具體職務及變更時間）。
假期、調班	《請假申請表》	各類假期.調班必須經書面申請批准。
薪資福利調整	《員工薪酬福利調整申請表》	人力資源部或用人部門提出申請，按審批程式進行審批，最終報總裁批准。
員工培訓	1.《年度培訓計畫表》 2.《培訓需求調查表》 3.《培訓申請表》 4.《培訓通知》 5.《培訓滿意度表》 6.《培訓評估報告》 7.《__月培訓情況一覽表》 8. 培訓後上岡位 1~6 個月的評估調查表	1. 年度培訓計畫表由人力資源部匯總所有培訓需求填寫，並按此安排培訓計畫。 2. 培訓需求調查由人力資源部辦理。 3. 所有個人或部門在培訓計畫表外的要參加培訓需填寫申請表。 4. 培訓滿意度及評估，由人力資源部組織辦理。 5. 人力資源根據實際培訓工作進行統計月培訓情況。

員工離職	1.《員工辭退(辭職)審批表》 2.《員工離職談話表》 3.《員工離職交接會簽單》 4.《員工離職工資結算單》	1. 所有員工離職必須經過審批會簽，部門經理及以上人員報總裁批准。 2. 員工離職人力資源部作最後面談，瞭解離職原因。 3. 所有員工離職都必須辦理《員工離職交接會簽單》。 4. 在完畢交接後，人力資源部出具《員工離職工資結算單》。
編制 員工名冊	《員工個資名冊》	編制所有在職員工詳細名冊。
備註	● 上述所有人事資料表單應在人力資源部存檔，並有完整記錄，以備行政部及內控部門抽查。 ● 公司 E 化；行政公文無紙化 . 效率化 . 減碳化。	

玖

總結

一、何謂事業、志業、善業

1. 何謂事業？事業是以賺錢為生存做基底，先滿足個人在生理及安全二種層級的需求，因人而異再逐次往更高不同的層級邁進或止步。馬斯洛需求層次理論 (Maslow, s hierarchy of needs) 是心理學家亞伯拉罕‧馬斯洛 (Abraham Maslow) 在 1943 年論文「人類動機理論 A theory of Human Motivation」中提出，其屬性即是個人發光發亮的舞臺。

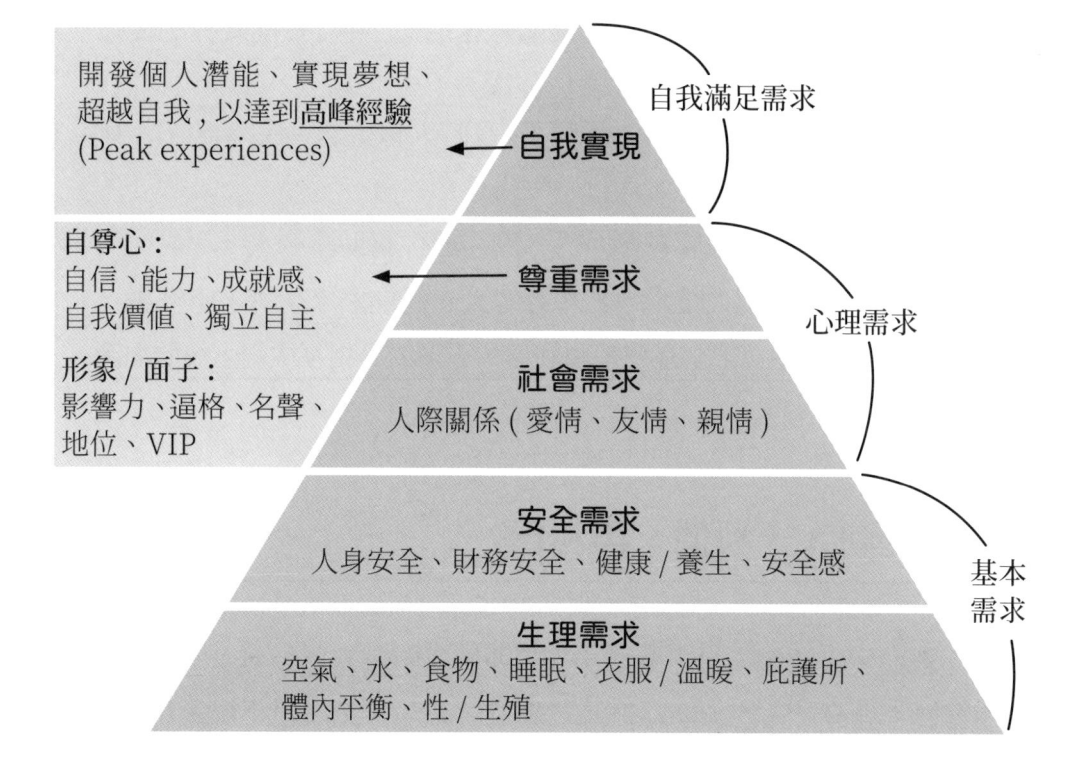

自我實現 ← 開發個人潛能、實現夢想、超越自我，以達到高峰經驗 (Peak experiences)　──　自我滿足需求

尊重需求 ←
- 自尊心：自信、能力、成就感、自我價值、獨立自主
- 形象／面子：影響力、逼格、名聲、地位、VIP

社會需求：人際關係（愛情、友情、親情）

── 心理需求

安全需求：人身安全、財務安全、健康／養生、安全感

生理需求：空氣、水、食物、睡眠、衣服／溫暖、庇護所、體內平衡、性／生殖

── 基本需求

2. 何謂志業？志業是種有理想、有使命感的工作，即"歡喜做、甘願受"的付出，其主要動機是完成「大我」，例如：慈善事業、宗教團體、公益團體的屬性卽使如此，不以營利為主要目的。

3. 何謂善業？關大衆之疆域、謀衆業之利益、興國際之美譽。「經濟搭台、產業唱戲」集衆人之力，成就「台灣 MIT 製造 3.0」名片，以名揚國際舞臺，謀個別事業利益之發展、興產業之福與利、點亮國際影響力之光。

4. 三者的分別

類別	屬性	格局	途徑	結果
1.事業	成就個人	小我	1人走的快	利收帶名
2.志業	成就衆人	大我	多人走的遠	名收帶利
3.善業	成就產業	無我	領航團隊於藍海	厚德(名)載物(利)
說明	●善業(合計)= 事業＋志業，他不只是一份事業(工作)，是一種為台灣完成產業國際化的短.中.長期接棒的使命。 ●善業不眷戀階段性職位及權力(提供退居2~3線或其他新興關聯事業的基本保障)，適時人材更迭、保持鮮血活力。 ●善業的意義： ＊不在於你超越多少人；而在於你幫助多少人。 ＊肯為別人撐傘；才會有衆人一起開路-互助才能互贏。 ＊人生並不全是競爭和利益，更多的是相互成就，彼此溫暖。				

二、先利人、利他、再利己

幫助別人賺錢、自己會賺更多(連鎖行業就有此特質)，連鎖行業的發展，也符合人性，能為他及己獲利、是份善業、已不只是份工作。

※ 釣魚的故事：

有位釣魚高手和一群人在釣魚，這位高手每小時都能釣出十幾尾魚出來，其他人看的很不服氣，就跟這位高手說：是你的位置比較好，才會如此豐收！這位高手說：不然我們來換位置，結果還是一樣，高手每一小時仍釣出十多尾，其他人也都是釣個位數，甚至平均只有五條左右，多次互換位置的結果還是一樣！

這位高手對這群釣友說：有誰願意？我教他每小時能釣十條魚以上，但每次要分我兩條，結果有幾位釣友同意接受他的指導及條件，最終也如期完成雙方約定的條件！皆大歡喜。

連鎖業就是將成功的方法、技術，教授給想賺錢、想創業的人，減少他人失敗及增加收入的經營模式，授權其間收取些權利金及服務費用，是種互惠互利的行業。

三、君子愛財(才．材)、取之有道

猶太人諺語：不賺錢是罪惡，在這國際充滿狼性、是講求實力的現實主義的叢林中，台灣的半導體製造業是站在被需要的一方（賣方市場）是有話語權、主動權，但台灣是採取之有道是「王道主義」（非霸道），是將該理念、計畫、行動，集眾志成為多方合力的良善循環，同時對人材、適材、錢財三方有利同享、有福同受的「共榮共存」，真正接地氣落實到王道『利益＋生命共同體』。

- ●不因個人利益、影響團體利益
- ●不因短期利益、犧牲長期利益

- ●不因意識形態、阻礙發展利益
- ●不因本人給力、爾詐他人利益

※「王道主義」的三大核心信念是「永續經營」、「創造價值」、「利益平衡」。國家社會要能永續發展，最重要的就是要能創造價值，且所有利害相關者的利益要能達到平衡。

註：(2013/10/19 轉載自聯合報名人堂專欄 作者 / 施振榮)
http://www.stansfoundation.org/articles/f35236

四、基金投資收益 - 取之於民、用之於民

　　轄下所有的資金受惠企業者，該事業體必須優先提撥 2~5%(特別股) 的利潤，回饋給台灣政府當局且明文化作為保證的法律約束，不假中間 (肥貓) 他手、直接作為台灣政府的財政收入或指定挹注項目（例：勞退及健保…），讓全民分享國際化的成果。

　　發展過程中不得私相授受將有關股權或權利釋出、轉讓、獲利退場，更不得有飽入私囊如：五鬼搬運、移花接木、暗渡陳倉…等違法亂紀的行為。

　　涓涓細水的可以滙流成大河，在不影響各企業體的發展，除政府公股持股外，於其中另先提撥 2~5%(優先特別股) 的利潤，經時間的加持積砂成塔，可以滙集成大筆資金回饋給母體台灣，所謂飲水思源、呷水果拜樹頭：取之於民、用之於民、來之於社會、用之社會。

拾

附件資料

一、TFC 資料:「企業家暨專業經理人交流聯誼會」
(Taiwan Franchise Council)

Taiwan Franchise Council

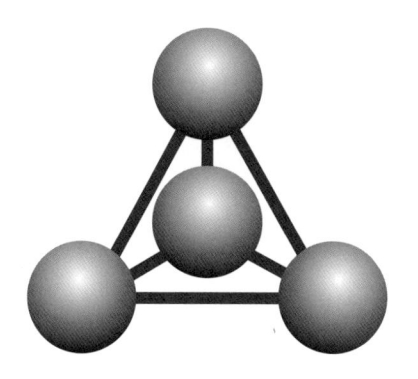

中華民國連鎖加盟事業
企業家暨專業經理人交流聯誼會
Taiwan Franchise Counci

CPC 中國生產力中心
企業國際化組

TFC 中華民國連鎖加盟事業企業家暨專業穩理人交流聯誼會

目錄

105	壹／交誼會成立緣起
105	貳／交誼會功能
105	參／成立時間
106	肆／交誼會特色
107	伍／交誼會進行架構
107	陸／其它事項說明
	一、會員對象
	二、交誼會籌備單位
	三、交誼會地點
	四、費用
	五、報名辦法
109	柒／交誼會組織成員介紹
110	捌／專題演講座談會、意見交流小組說明
	一、演講及座談
	二、國內知名連鎖企業他山之石觀摩
	三、意見交流小組
112	玖／講師介紹
115	拾／報名表

中華民國連鎖加盟事業企業家暨專業經理人交流聯誼會

壹 交誼會成立緣起

一、中國生產力中心配合經濟部商業司「商業現代化」計畫，協助國內商業走向大型化、專業化和連鎖加盟的經營型態。

二、目前國內尚無一個針對中小型及有心發展連鎖加盟事業的企業家和專業經理人的需求，而成立的會員組織。

貳 交誼會的功能

一、成為會員與政府相關部門的溝通管道。針對政府相關連鎖加盟發展之政策法規及輔導計畫提出建議，以符合業界需求。

二、建立會員與國內外連鎖加盟事業之實務專家及事業經營者間的經驗交流管道。經由專題演講、座談、交誼及企業觀摩等活動以達成目的。

三、與美國及日本之國外連鎖加盟事業發展協會（例：International Franchise Associations, IFA）建立互動關係，引進新事業開創說明會、創業及經營管理手冊各種書籍和錄影帶。

參 成立時間

中華民國 84 年 6 月 30 日

肆 交誼會特色

一、配合經濟部推動商業現代化以迎接國際化、自由化的腳步。
二、由中國生產力中心主導成立連鎖加盟組織，具公信力、國際性、專業性、實務性。
三、配合經濟部推動工商綜合區之大型購物中心與國內外連鎖業之結合。
四、集國內、外連鎖業與專家聯合講授有關專題。
五、每月定期舉行一次精闢專題及座談會以便研討交流。
六、分組分工成立意見交流小組，以供會員於交誼會場上問題諮詢。
七、每 2~3 個月舉行一次國內知名連鎖企業他山之石觀摩。
八、國外連鎖業觀摩，尋找連鎖事業新的契機。
九、本聯誼會為政府有關單位，國內連鎖業、國外連鎖團體三度空間全方位機構。

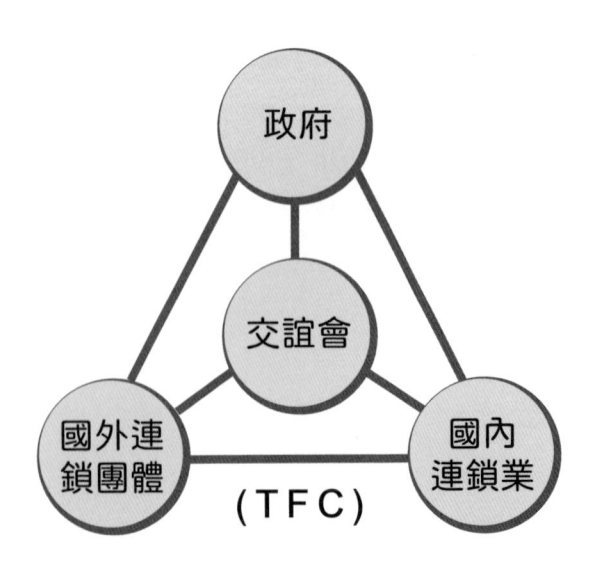

```
           政府
            │
          交誼會
         ╱      ╲
   國外連        國內
   鎖團體        連鎖業
        (TFC)
```

中華民國連鎖加盟事業企業家暨專業總理人交流聯誼會　TFC

伍　交誼會進行架構

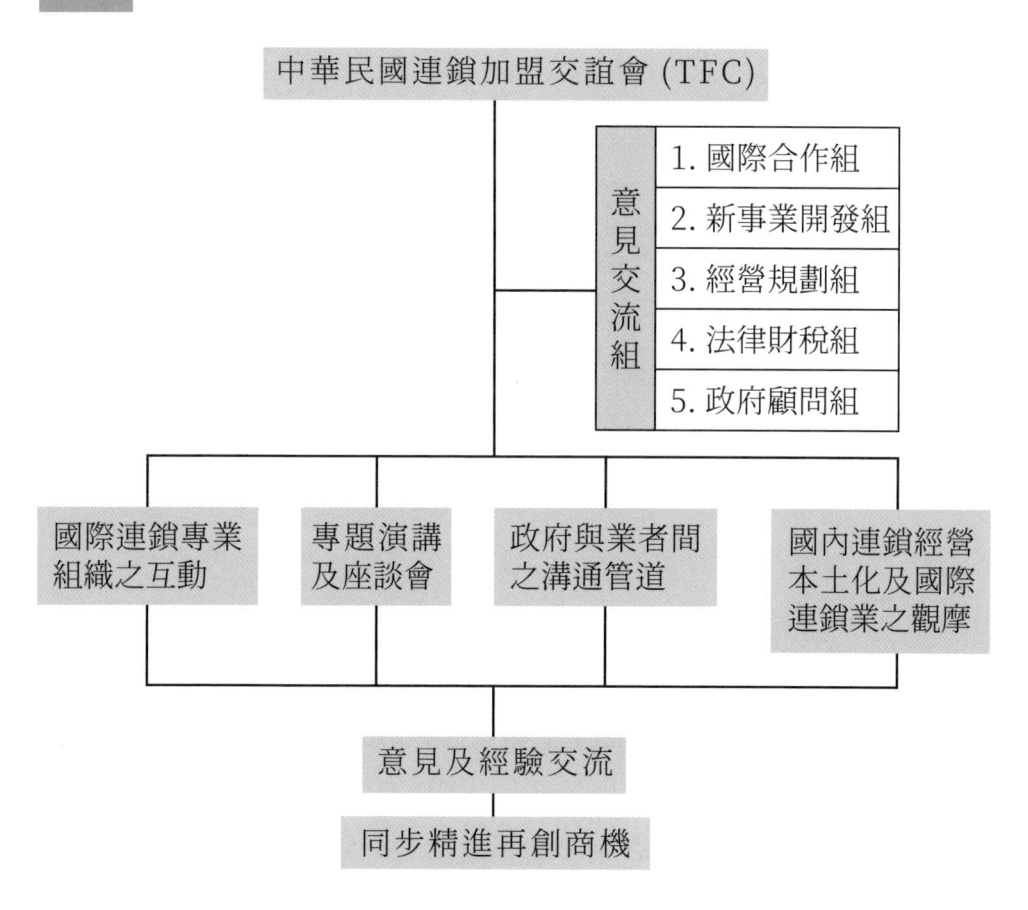

```
              中華民國連鎖加盟交誼會 (TFC)
                        │
              ┌─────────┴──────────┐
              │         意見     1. 國際合作組
              │         交流     2. 新事業開發組
              │         組       3. 經營規劃組
              │                  4. 法律財稅組
              │                  5. 政府顧問組
              │
   ┌──────────┼──────────┬──────────┐
國際連鎖專業   專題演講   政府與業者間   國內連鎖經營
組織之互動   及座談會   之溝通管道   本土化及國際
                                    連鎖業之觀摩
   └──────────┼──────────┴──────────┘
              │
         意見及經驗交流
              │
         同步精進再創商機
```

陸　其它事項說明

一、會員對象：
　　1. 國內各型連鎖事業業主
　　2. 有心發展及引進新連鎖事業者
　　3. 連鎖事業之專業經理人
　　4. 百貨公司及大型購物中心等經營管理者

拾、附件資料｜107

中華民國連鎖加盟事業企業家暨專業穩理人交流聯誼會

二、交誼會籌備單位：中國生產力中心 企業國際化組

三、交誼會地點：中國生產力中心

台北市敦化北路340號2樓(松山機場2館)

四、費用：

1. 每位會員年費新台幣2萬元整。(含12次專題演講、座談會，4次以上國內知名連鎖企業觀摩、餐費及稅)
2. 以上收費不含國內企業觀摩車資、餐費。
3. 國外觀摩費用再行通知。
4. 同一公司三位(含)以上人員參加，年費以8折優惠。
5. 中途報名者年費亦為2萬，其年限依加入月份起往後計12個月份。

五、報名辦法：

1. 請填妥入會報名表，即日傳真至中國生產力中心 企業國際化組葉涵玉小姐。Fax:(02)5453316
2. 費用請以支票抬頭 "中國生產力中心"，寄至：台北市敦化北路340號2樓企業國際化組葉涵玉小姐收。或利用郵政劃撥帳號:00127341-1，戶名：中國產力中心 企業國際化組。
3. 洽詢電話:(02)7137731 轉 340 葉涵玉小姐。

六、凡本交誼會之會員，報名本組(企業國際化組)在國內舉辦之大型研討會或課程一律以5折優惠。

柒、交誼會組織成員介紹

一、名譽會長：陳明邦先生 (經濟部商業司司長)

二、總召集人兼會長：戚偉恆先生
- 中國生產力中心 企業國際化組經理
- ICSC (INTERNATIONAL SHOPPING CENTER COUNCIL) 亞洲事務委員
- 美國南加大企管碩士及北卡州立大學管理科學碩士

三、執行長：湯進祥先生
- 中國生產力中心 連鎖業顧問
- 其它於講師介紹中說明

四、副執行長：劉連茂先生
- 中國生產力中心「大型購物中心」專案經理
- 政大公共行政研究所碩士

五、執行秘書：葉涵玉小姐
- 中國生產力中心 企業國際化組 管理師

六、交誼會聯絡說明
- 地址：台北市敦化北路 340 號 2 號 (松山機場 2 館)
- 聯絡電話：(02)7137731 轉 340,644
- 傳真電話：(02)5453316

TFC 中華民國連鎖加盟事業企業家暨專業經理人交流聯誼會

捌 專題演講座談會、意見交流小組說明

一、演講及座談

演講主題	講師	日期
1. 經濟部商業現代化計畫與國際連鎖加盟業之發展	陳明邦	84.06.30
2. 台灣連鎖業如何面對 21 世紀	林泰生	84.07.28
3. 生產到顧客之物流管道之演變	張國安	84.08.25
4. 連鎖加盟業之財務規劃及股票上市	張垂欽	84.09.22
5. 國際連鎖業加盟合作之法律談判及合約訂定	許克偉	84.10.27
6. 開創連鎖事業之市場評估及策略規劃	盧岱元	84.11.24
7. Friday's 餐廳在台灣的連鎖策略	林昱宏	84.12.29
8. 麥當勞在台灣的經營策略	李明元	85.01.31
9. 曼都美髮連鎖贏的策略	賴孝義	85.02.23
10. 玩具反斗城如何在台灣踏出成功的第一步	陳文光	85.03.22
11. 連鎖業發展之財稅規劃及考量	陳富煒	85.04.26
12. 如何引進國際連鎖事業合作，並成功導入國際連鎖經營技術？	林新建	85.05.31
13. 連鎖加盟制度之設計與規劃	湯進祥	85.06.28
14. 連鎖業開店之商圈調查與評估技巧		85.07.26
15. 連鎖業之人力資源與組織規劃		85.08.30
16. 連鎖業之經營管理		85.09.20
17. 美國連鎖業現況及發展趨勢		85.10.18
18. 日本連鎖業現況及發展趨勢		85.11.29
Am9:30~12:00 專題演講、Am12:00~Pm1:00 午餐、Pm1:00~3:00 意見交誼時間 備註／ 一、研習地點：中國生產力中心，台北市敦化北路 340 號 2 樓 　　　二、專題演講如有臨時異動，事先再行通知 　　　三、下午座談交誼時間為上課講師及各小組代表與會員間之雙向意見交流		

110

二、國內知名連鎖企業他山之石觀摩

1. 交誼會於正式成立後，將徵詢會員意見，以決定觀摩國內之本土及國際知名連鎖企業。
2. 參觀月份

參觀月份	國內知名連鎖企業 (暫定)	備註
84 年 8 月	食品業 (例 : 麥當勞………)	一、如有異動會再行告知 二、參觀日期及行程於座談會告知
84 年 11 月	美髮業 (例 : 曼都…)	
85 年 2 月	傢俱業 (例 : I.D.Design....)	
85 年 5 月	兒童教育業 (例 : 芝麻街、未來小子……)	

三、意見交流小組

1. 召集人介紹

小組類別	召集人 (1~2 位)	個人簡介
國際合作組	Dr Trappey (張力元博士)	國立交通大學管科系副教授。美國 Purdue 大學行銷及消費行為博士。對流通業決策支援，國際行銷策略及跨國消費行為文化等議題，有相當傑出的研究成果和實務經驗。常以專家身份協助美國及台灣連鎖百貨及超級市場的經營策略規劃。
新事業開發組	林新建	如後講師介紹說明
經營企劃組	湯進祥	如後講師介紹說明
法律財稅組	許克偉	如後講師介紹說明

小組類別	召集人(1~2位)	個人簡介
政府顧問組	陳秘順	經濟部商業司第九科(商業發展)科長
	何秉燦	經濟部商業司第九科(商業發展)專員
	李載陶	經濟部商業司第九科(商業發展)專員

2. 功能：於座談會交誼時間與會員間意見雙向交流。

玖 講師介紹(依日程序)

■陳明邦先生
- 經濟部商業司司長
- 東吳大學客座副教授
- 推動商業現代化及自動化計畫架構之規劃，多次參與中美，中日、中歐關稅談判及中日，中韓關務和經濟合作會議

■林泰生先生
- 麗嬰房(股)公司董事長
- 美國加州斐城大學碩士
- 連鎖協會副理事長
- 麗翔(股)公司董事長
- 麥克隊友(股)公司董事長
- 中紐經濟協會副理事長

■張國安先生
- 豐群投資(股)公司董事長
- 經營事業包括：豐群來來百貨(股)公司、喜年來食品、OK便利商店、萬客隆批發倉庫

■張垂欽先生
- 中國信託公司股票承銷部經理
- 中興企研所畢
- 具有國內多家知名股票上市、規劃、承銷之實務經驗

■許克偉先生
- 眾達國際法律事務所美國紐約州律師
- 美國賓州大學Law school法學碩士及Warton schood企管碩士。具有各種國際投資、併購、策略聯盟……等商務案件之法務、財務及稅務規劃、談判與執行及多次參與國際連鎖加盟案之實務經驗

■盧岱元先生
- 鑑景國際規劃管理集團開發部主管
- 美國賓州州立大學研究所畢業
- 具有規劃多家購物中心，民俗村遊樂區等之實務經驗

■林昱宏先生
- Friday's餐廳副總經理
- 台灣主題餐廳的開拓先鋒，從Friday's引進、評估、經營、管理具有相當實務經驗

TFC 中華民國連鎖加盟事業企業家暨專業穩理人交流聯誼會

■李明元先生
- 台灣麥當勞餐廳(股)公司助理副總經理
- 在麥當勞歷任各單位主管工作，具管理、企劃、行政……之實務經驗

■賴孝義先生
- 曼都髮型美容連鎖店事業負責人
- 盟都國際(股)公司及富佳國際(股)公司董事長
- 台灣龍泰通國際投資集團連鎖事業部總經理

■陳文光先生
- Toy"R"US 玩具反斗城總經理
- 餐飲管理碩士
- 曾任芳鄰餐廳創立第一家店店長及麥當勞首批市場開拓先鋒

■陳富煒先生
- 建業聯合會計師事務所會計師
- 政大會研所碩士
- 熟悉企業內部控制及內部稽核、財務、稅務之規劃及多年之財務報表,營利事業所得稅之查核、簽證等經驗

■林新建先生
- 季聯(股)公司創辦人
- 季聯(股)公司於1993年獲得美國FUTUREKIDS(未來小子)兒童電腦多媒體教學連鎖體系的台灣代理權,未來小子兒童電腦多媒體教學連鎖體系於1992~1994連續3年為美國企業家雜誌年度500大連鎖加盟體系評選中,獲得為最佳的十個新興連鎖加盟體系之一。

■湯進祥先生
- 中國生產力中心 企業國際化組 連鎖業顧問
- 曾規劃美髮、通訊、餐飲等連鎖行業,對連鎖業的經營、規劃、評估、執行具有多年之實務經驗

中華民國連鎖加盟事業企業家暨專業穩理人交流聯誼會 | TFC

中華民國連鎖加盟事業企業家暨專業經理人交誼會
TAIWAN FRANCHISE COUNCIL

報 名 表

姓名	出生年次	性別	學歷	職稱

機構全名		□股份有限公司 □有限公司	
機構地址			
聯絡電話	( )　　　分機：	傳真	
聯絡人		職稱	
發票地址	□同上 , 或	統一編號	
資本額	萬	成立時間	員工人數	
主要業務說明			
費用合計		繳費方式	□支票 □劃撥	

註：1. 每位會員年費：新台幣貳萬元整，同公司三位 (含) 以上人員報名，年費以 8 折優惠。
　　2. 請填妥報名，於　年　月　日前完成繳費及報名程序
　　3. 繳費：支票抬頭：中國生產力中心
　　　　　　地址：台北市敦化北路 340 號 2 樓　　企業國際化組收
　　　　　　劃撥帳號：0012734-1 戶名：中國生產力中心　　企業國際化組
　　4. 洽詢電話：(02)7137731 轉 340 葉涵玉小姐
　　　　傳真：(02)5453316

中華民國連鎖加盟事業企業家暨專業經理人交流聯誼會
第一屆創始會員行業彙總資料 84年6月30日

序號	行業類別	家數	會員明細（依公司註明）
1	百貨	3	1. 先施百貨 2. 豪貿實業 3. 統新
2	超市	1	1. 愛盟
3	餐飲	9	1. 麥當勞 2. 吉野家 3. 欣美 4. 別克高治 5. 大西洋 6. 枝仔冰城 7、珠江酒樓 8. 全福壽 9. 華新牛排
4	麵包烘焙	1	1. 萬家康
5	寵物用品、美容、醫療	2	1. 勻勻 2. 人人
6	婚紗攝影	2	1. 青樺 2. 老麥
7	服飾	4	1. 亞林 2. 冠時 3. 吸引力 4. 深厚
8	建築	3	1. 創造者 2. 海記 3. 京都
9	樂器	1	1. 功學社
10	會計、法律	2	1. 理事 2. 振興
11	醫藥、療	5	1. 大豐 2. 威北 3. 信東 4. 景德 5. 聯愛
12	汽車	2	1. 新動利 2. 和新
13	資、通訊、科技	8	1. IBM 2. 神腦 3. 財經 4. 雷光 5. 十全 6. 常有 7. 華康 8. 白氏
14	美髮、容、健身	7	1. 女人有約 2. 名流 3. 資生堂 4. 東晶媚麗 5. 媚如求 6. 麗神 7. 媚登峰
15	運動及休閒器材	5	1. 榮成 2. 光重 3. 健野 4. 亞商 5. 榮湘
16	洗衣服務	2	1. 隴西 2. 泰利

序號	行業類別	家數	會員明細（依公司註明）
17	花飾(藝)	3	1. 采花坊 2. 雙泉 3. 君錠
18	錄影帶、CD、卡帶	2	1. 木棉花 2. 宇欣
19	保險、金融	1	1. 萬岱
20	廣告媒體	2	1. 森生 2. 北大
21	貿易、投資	4	1. 亞太 2. 瑞襄 3. 特力 4. 朝同
22	塑、橡膠製品	1	1. 八德行
23	兒童教育	1	2. 佳音
24	便利商店	2	1. 中日超商 2. 川勇
25	旅遊、娛樂	2	1. 若蘭山 2. 元寶湖
26	清潔服務	1	1. 瑞波
27	保全	1	1. 衛豐
28			
	合計	72	

註：1. 方川食品 (張 經理) 2. 三陽龍企業 (許 經理) 3 . 三之三文化事業 (吳 经理)

二、2023 私募基金規模 - 前十排名表 (維基百科)

名次	1
公司別	黑石集團 (Blackstone Group) 上市公司
成立	1985
創辦人	彼得‧喬治‧彼得森、蘇世民
總部	美國紐約曼哈頓 公園大道 345 號
產業	金融服務
業務範圍	私募、投行、投資管理、資產管理
總資產	411.96 億美元 (2021 年)
網 站	www.blackstone.com

名次	2
公司別	凱雷集團 (The Caryle Group) 上市公司
成立	1987
創辦人	William E. Conway, Jr.、Daniel A. D'Aniello、David M. Rubenstein
總部	美國華盛頓特區賓夕法尼亞大道 1001 號
產業	私人金融
業務範圍	管理服務、房產管理、財務規劃、資本募集
總資產	21.25 億美元 (2021)
網 站	www.carlyle.com

名次	3
公司別	貝恩資本 (Bain Capital) 私人公司、有限合夥
成立	1984
創辦人	比爾‧貝恩、米特‧羅姆尼、T. Coleman Andrews III、Eric Kriss、John Halpern
總部	美國馬薩諸塞州波士頓克拉倫登街 200 號約翰‧漢考克大廈
產業	金融服務、投資管理
業務範圍	私募股權、風險資本、公共資產、高收益資產和夾層資本
總資產	1600 億美元 (2022)
網 站	www.baincapital.com

名次	4
公司別	德州太平洋集團 (TPG Capital) 上市公司
成立	1992
創辦人	大衛‧邦德曼、吉姆‧科爾特、威廉‧S‧普萊斯三世
總部	美國加利福尼亞州舊金山
產業	私募股權
業務範圍	槓桿收購、成長資本、風險投資
總資產	1,030 億美元
網 站	www.tpg.com

名次	5
公司別	銀湖合夥公司 (Silver Lake Partners) 私人合夥投資公司
成立	1999
創辦人	格倫·哈欽斯、 大衛·魯克斯、 羅傑·麥克納米
總部	美國加利福尼亞門洛派克
產業	成熟期 (PE 投資)
業務範圍	私募股權、創新型企業投資
總資產	1020 億美元
網站	http://www.silverlake.com

名次	6
公司別	貝萊德集團 (BlackRock) 上市資產＆投資管理公司
成立	1988
創辦人	拉裡·芬克、 蘇珊·華格納
總部	美國紐約州
產業	投資管理
業務範圍	資產管理
總資產	1526.5 億美元 (2022 年)
網站	https://www.blackrock.com

名次	7
公司別	KKR；科爾伯格 - 克拉維斯 - 羅伯茨，(Kohlberg Kravis Roberts & Co.,) 上市公司
成立	1976
創辦人	亨利·克拉維斯
總部	美國紐約州紐約市
產業	私人股權投資
業務範圍	槓桿收購、成長資本
總資產	390 億美元 (2016)
網站	www.kkr.com

名次	8
公司別	阿波羅全球管理公司 (Apollo Global Management) 上市公司
成立	1990
創辦人	首席執行官： Marc Rowan 高級董事兼總經理： Josh Harris
總部	美國紐約市索羅大廈
產業	資產管理
業務範圍	私募股權基金、信貸基金、房地產基金、另類投資、槓桿收購、成長資本、風險投資
總資產	85.42 億美元 (2019)
網站	www.apollo.com

名次	9
公司別	高盛資產管理公司 (Goldman Sachs Asset Management) 上市公司
成立	1869
創辦人	馬克斯・高德曼、山繆・盛赫斯
總部	美國紐約州紐約市 曼哈頓韋斯特街 200 號
產業	金融服務
業務範圍	資產管理 / 商業銀行 / 日用品 / 投資銀行 / 投資管理 / 共同基金 / 主經紀商
總資產	9,330 億美元 (2018 年)
網站	www.goldmansachs.com

名次	10
公司別	摩根士丹利私募股權公司 (Morgan Stanley Private Equity) 上市公司
成立	1935 年 (老摩根史坦利)
創辦人	Henry Sturgis Morgan、Harold Stanley、Dean G. Witter、Richard S. Reynolds, Jr.
總部	美國紐約州
產業	投資
業務範圍	金融服務、投資銀行
總資產	4630 億美元 (2018)
網站	www.MorganStanley.com

三、2023 全球私募基金規模 - 前十排名簡介

隨著全球經濟的複雜性和不確定性的增加，私募基金已經成為投資者尋求超額回報的重要工具。這些私人持股的基金公司管理著大量的資產，並以其獨特的投資策略和方法，為投資者創造了豐厚的回報。以下是全球私募股權投資基金規模排名前十的公司。

1. 黑石集團

黑石集團（Blackstone Group）是全球最大的私募股權投資公司，其投資領域涵蓋了房地產、私募股權、對沖基金、信貸和保險。黑石集團以其大膽的投資策略和多元化的投資組合而聞名，其投資案例包括美國電話電報公司、希爾頓酒店集團和英國航空公司等。

2. 凱雷集團 (The Caryle Group)

凱雷集團是一家全球領先的投資公司，其主要業務包括私募股權、不動產投資、固定收益投資和對沖基金。凱雷集團以其敏銳的市場洞察力和卓越的投資業績而備受讚譽，其投資案例包括蘋果公司、阿裡巴巴和雀巢等。

3. 貝恩資本

貝恩資本（Bain Capital）是一家全球領先的私募股權公司，其主要業務包括私募股權投資、不動產投資、機構融資和公共市場投資。貝恩資本以其深入的行業知識和創新的投資策略而著名，其投資案例包括穀歌、甲骨文和星巴克等。

4. 德州太平洋集團

德州太平洋集團（TPG Capital; Texas Pacific Group）是一家全球領先的私人股權投資公司，其主要業務包括私募股權投資、不動產投資、對沖基金和信貸。德州太平洋集團以其廣泛的投資領域和卓越的投資業績而聞名，其投資案例包括IBM、惠普和麥當勞等。

5. 銀湖合夥公司

銀湖合夥公司（Silver Lake Partners）是一家全球領先的私募股權投資公司，其主要業務包括私募股權投資、不動產投資和企業諮詢。銀湖合夥公司以其嚴謹的投資流程和傑出的投資業績而備受讚譽，其投資案例包括特斯拉、twitter和京東等。

6. 貝萊德集團

貝萊德集團（BlackRock；也譯作黑岩集團）是全球規模最大的資產管理集團之一，成立於1988年，總部位於美國紐約。截至2022年末，貝萊德整體管理規模為8.59萬億美元。貝萊德為機構及零售客戶提供服務，包括股票、固定收益投資、現金管理、另類投資及諮詢策略等。

7. KKR

科爾伯格-克拉維斯-羅伯茨（英語：Kohlberg Kravis Roberts & Co., 通常簡稱為 KKR）KKR 是一家全球性的投資公司，成立於 1976 年，總部位於美國紐約。它是全球最大的私募股權公司之一，也是全球最大的另類投資公司之一。KKR 的投資領域包括私募股權、不動產、基礎設施、信貸、對沖基金等。

8. 阿波羅全球管理公司（Apollo Global Management）

Apollo Global Management 是一家位於美國的投資管理公司，成立於 1991 年，總部位於紐約。它是全球最大的另類資產管理公司之一，也是全球最大的私募股權管理公司之一。阿波羅全球管理公司的投資領域包括私募股權、信貸、房地產等。

9. 高盛資產管理公司（Goldman Sachs Asset Management）

高盛資產管理公司（Goldman Sachs Asset Management）是高盛集團旗下的一家資產管理公司，成立於 1999 年，總部位於美國紐約。它是全球最大的共同基金管理公司之一，也是全球最大的私募股權管理公司之一。高盛資產管理公司的投資領域包括股票、債券、房地產、基礎設施等。

10. 摩根士丹利私募股權公司（Morgan Stanley Private Equity）

摩根士丹利私募股權公司（Morgan Stanley Private Equity）是摩根士丹利旗下的一家私募股權投資公司，成立於 1993 年，總部位於美國紐約。該公司在亞太地區進行私募股權投資，主要投資于高結構化的少數股權投資和控制性收購。

以上只是全球私募股權投資基金規模排名前十，這些公司憑藉其強大的資金實力、專業的投資團隊和獨特的投資策略，為投資者創造了巨大的價值。然而，投資者在選擇私募基金時，應該充分瞭解基金的投資策略、風險承受能力和歷史業績，以確保自身的投資安全。

2023-08-23　資料來源：投資大牛哥

四、企業盡職調查內容提綱
Contents of Due Diligence Report

內容綱要 Contents

一： 企業基本情況、發展歷史及結構：The basic information, evolvement and organizational structure of the company

二： 企業人力資源 Human resources

三： 市場行銷及客戶資源 Marketing，Sales, and customer resources

四： 企業資源及生產流程管理 Enterprises resources and production management

五： 經營業績 Business performance

六： 公司主營業務的行業分析 Industry analysis

七： 公司財務情況 Financial status

八： 利潤預測 Profitability forecast

九： 現金流量預測 Cash flow forecast

十： 公司債權和債務 Creditor's rights and liability

十一： 公司的不動產、重要動產及無形資產 Properties, valuable assets and intangible assets

十二： 公司涉訴事件 Lawsuits

十三： 其他有關附注 Other issues and comments

十四： 企業經營面臨主要問題 Business obstacles and operational difficulties

盡職調查提綱 Contents of Due Diligence Report

一：企業基本情況、發展歷史及結構：The basic information, evolvement and organizational structure of the company

 1. 法定註冊登記情況 Registration
 2. 股權結構 Ownership structure
 3. 下屬公司 Subsidiaries and branches
 4. 重大的收購及出售資產事件 Key events of purchasing and selling assets
 5. 經營範圍 Business scope

二：企業人力資源 Human resources

 1. 管理架構（部門及人員） Management structure (Departments and staffing)
 2. 董事及高級管理人員的簡歷 Resume of Directors of the Board and members of the upper management team
 3. 酬薪及獎勵安排 Policies on compensations, rewards and penalties
 4. 員工的工資及整體薪酬結構 Salary structure
 5. 員工招聘及培訓情況 Recruitments and training arrangements
 6. 退休金安排 Benefits Policy, e.g. Pensions

三：市場行銷及客戶資源 Marketing, Sales and Customer resources

 1. 產品及服務 Products and services
 2. 重要商業合同 Important business contracts
 3. 市場結構 Market structure
 4. 銷售管道 Distribution channels
 5. 銷售條款 Sales policies and terms
 6. 銷售流程 Sales management procedure
 7. 定價政策 Pricing policy

8. 信用額度管理 Credit & Risk exposure management
9. 市場推廣及銷售策略 Marketing and sales strategy
10. 促銷活動 Promotion activities
11. 售後服務 Post-sales services
12. 客戶構成及忠誠度 Customer base composition and customer loyalty

四：企業資源及生產流程管理 Enterprise resources and production management
1. 加工廠 Factory and plant
2. 生產設備及使用效率 Equipments and production capacity
3. 研究及開發 Research and development
4. 採購策略 Purchasing policy
5. 採購管道 Purchasing channels
6. 供應商 Suppliers
7. 重大商業合同 Important business contracts

五：經營業績 Business performance
1. 會計政策 Accounting policy
2. 歷年審計意見 Auditing results of the last three years if available
3. 三年的經營業績、營業額及毛利詳盡分析 Analysis on business performance, sales revenue and gross profit of the last three years if available
4. 三年的經營及管理費用分析 Analysis on operation and administration expenses of the last three years if available
5. 三年的非經常專案及異常專案分析 Analysis on non-frequent and abnormal activities of the last three years if available
6. 各分支機搆對整體業績的貢獻水準分析 Analysis on the

contribution of each subsidiary to the overall business performance

六、公司主營業務的行業分析 Industry analysis

    1. 行業現狀及發展前景

        Current situation and anticipation of industry development trend

    2. 該地區特殊的經營環境和經營風險分析

        Analysis on business environment and operational risks in China

    3. 公司在該行業中的地位及影響

        The subject company's position and influence in the industry

七：公司財務情況 Financial status

    1. 三年的資產負債表分析 Three years Balance Sheet if available

    2. 資產投保情況分析 Analysis on assets insurance status

    3. 外幣資產及負債 Capital and debts in foreign currency

    4. 歷年財務報表的審計師及審計意見 Auditors' opinion on the financial reports of the past years

    5. 最近三年的財務預算及執行情況 Financial budgets and performing status of the last three years if available

    6. 固定資產 Fixed assets

    7. 或有專案（資產、負債、收入、損失）

        Contingent Items on assets, debts, income, losses

    8. 無形資產（專利、商標、其他智慧財產權）Intangible Assets, e.g. patent, logo and other intellectual property rights

八：利潤預測 Profitability forecast

    1. 未來兩年的利潤預測 Profit forecast of the next two years

    2. 預測的假設前提 Assumptions of the forecast

3. 預測的資料基礎 Foundation of the forecast

　　4. 本年預算的執行情況 Current year's budget performing status

九：現金流量預測 Cash flow forecast

　　1. 資金信貸額度 Commercial and Bank Credit Limits

　　2. 貸款需要 Needs on loans

　　3. 借款條款 Borrowing terms

十：公司債權和債務 Creditor's rights and liability

　　（一）債權 Creditor's Rights

　　　　1. 債權基本情況明細 Details of rights

　　　　2. 債權有無擔保及擔保情況 Collateral/guarantee status on the rights

　　　　3. 債權期限 Duration of the creditor's rights

　　　　4. 債權是否提起訴訟 Legal actions pursued

　　（二）債務 Debts and Liabilities

　　　　1. 債務基本情況明細 Details of the liability

　　　　2. 債務有無擔保及擔保情況 Collateral/guarantee status on the Liabilities

　　　　3. 債務抵押、質押情況 Mortgage and pledge

　　　　4. 債務期限 Duration of the liabilities

　　　　5. 債務是否提起訴訟 Legal actions pursued

十一：公司的不動產、重要動產及無形資產

　　　Properties, valuable assets and intangible assets

　　1. 土地權屬 Land property

　　2. 房產權屬 House property

3. 生財設備 Financial equipment property
4. 車輛清單 Automobiles
5. 專利權及專有技術 Patents and self-developed technologies
6. 以上資產抵押擔保情況 Mortgage and collateral status on the above listed assets

十二：公司涉訴事件 Lawsuits
1. 作為原告訴訟事件 Lawsuit put out by the subject company, as Plaintiff
2. 作為被告訴訟事件 Lawsuit against the subject company, as Defendant

十三：其他有關附注 Other issues and comments
1. 公司股東、董事及主要管理者是否有違規情況 Violations by any of the shareholders, directors and executives if there's any
2. 公司有無重大違法經營情況 Significant business operational violations by the company
3. 上級部門對公司重大影響事宜 Impact and influence from government administrative departments on the subject company

十四：企業經營面臨主要問題 Business obstacles and operational difficulties
1. 困難或積極因素 Obstacles & difficulties and the negative impacts or positive if there's any
2. 應對措施 Solutions

五、財務指標體檢表分析

財務指標分析

項目		指數	算式	前年	去年	今年預估	意義及功能
資本結構及收益性分析	1	總資本純利益率	總資本收益率=(利潤總額+借入資本利息)/總資本				測驗股東投資獲利能力,以測定企業買賣製銷理財等各方面的總成績偶經營之良窳。(5%以上才好,理想事業發展10%,大幅發展-松下.豐田:20%)
	2	自有資本構成比率	自有資本/總資本				測驗自有資本佔總資本之構成比率,以測定企業健全性大小。(40%以上是強,30~40%健全,自有資本率因行業不同異,但最低不低於30%)。
	3	固定資產與自有資本比率	固定資產(代表資金)/自有資本(長期負債+股東權益)				測驗固定資產佔總資本之構成比率,以測定自有資本投資於固定資產之效能。若此比率高於100%,代表公司運用了部分短期資金,來投資固定資產。因此,此比率建議低於100%,比較妥適。
	4	長期負債與自有資本比率	長期負債/自有資本				測驗長期負債與自有資本二者所供應長期資金之關係,以測定自有資本投入固定資是否過多或過份擴充。該指標主要用來反映企業需要償還的及所有長期負債,占整個長期營運資金的比重,因此該指標不宜過高,一般應在20%以下。

拾、附件資料 | 129

項目		指數	算式	前年	去年	今年預估	意義及功能
資本結構及收益性分析	5	固定資產與長期負債比率	固定資產/長期負債				測驗固定資產與長期負債比例，以測定負債安全之程度；企業的固定資產（淨值）與其長期負債之間的比率關係。一般認為，這個數值應在100%以上。
	6	股利率	每股（現金、股票）股利/每股市價				測驗實際股利與股票市價之比率，以測定投資該企業後每年可多少報酬，即可領取比銀行活存更高(倍數)的利息。
	7	資本報酬率 (Return on Invested Capital)	稅後利潤（淨收益）/資本總額（股東權益）				測驗一企業在某一經營期間，原投資本之獲利率，以為投資決策之依據。在股票交易市場，股票公開上市的條件之一，就是在公司在近幾年內資本報酬率必須達到一定的比例，例如台灣證券交易所規定，資本報酬率低於6%的公司的股票不得上市，資本報酬率在6%～8%之間的公司，其股票只能被列為第二類上市股票，只有資本報酬率達到80%以上的公司，其股票才能准予列為第一類上市股票。
	8	安全邊際與安全邊際比率	(銷貨收入-平衡點的銷貨收入)/銷貨收入				安全邊際指超過損益平衡點的銷貨收入，安全邊際比率表示安全邊際佔貨收入比率此比率，顯非企業所能承受產品滯銷風險的限度。安全邊際率：20%以下(危險&要注意)、20%~30%(較安全)、30%~40%(安全)、40%以上(很安全)。

項目		指數	算式	前年	去年	今年預估	意義及功能
資本結構及收益性分析	9	平衡點的銷貨收入 (Break-Even Point)	BEP=固定成本/邊際貢獻率(營業收入-變動成本/營業收入)				其意涵為企業之銷貨額(或量)至少要達到損益兩平點,否則企業將發生虧損,反之,若企業銷貨額(或量)超過損益兩平點,則能夠獲利。
		邊際收益率	銷貨總額-變動成本/總銷售額				邊際收益=銷貨收入-變動成本後的餘額,此比率表示邊際收益佔銷貨收入之比率,即每增加銷貨一元可賺多少盈餘。
	10	銷貨利益(潤)率(毛利率)	銷貨毛利(銷貨額-產品成本)/銷貨額				測驗銷貨成本佔銷貨額比率,以測定企業在買賣成產銷方面的效益效能是否良好的程度。
	11	銷貨利益(潤)率	營業利益(銷貨毛利-公司營運成本)/銷貨額				測驗企業的每一單位營業額之獲利能力及顯示企業的經營及管理效能,以測定營業活動之成果。
	12	銷貨純利益率(淨利率)	純利益(銷貨利潤-債息.折舊.稅金)/銷貨額				測驗淨利佔銷貨額之比例,以測定每一元銷貨獲利能力,及企業經營成績之良窳。
	13	營業利益與資產總額比率	營業利益/資產總額				測驗全部資金的獲利能力及全部資產的生產能力,以衡量整體經營的總成績。

項目		指數	算式	前年	去年	今年預估	意義及功能
財務結構健全性分析	1	速動比率（酸性比率）	速動資產（流動資產-存貨-預付費用）/流動負債（1年內或1個營業週期內需要償的債務合計）				測驗速動資產緊急清償短期負債的能力，亦即每一元短期負債，有幾元速動資產若供緊急清償的後盾。以測定企業安全性大小及資金調度程度。100%健全，80~100%普通。
	2	流動比率（運用資金比率）	流動資產（現金及約當現金+應收帳款+存貨+銀行存款）/流動負債（應付帳款+應付票據）				測驗流動資產清償短期負債的能力，亦即每1元短期負債，有幾元流動資產可清償的後盾，又稱清償比率或銀行行比率，以測定企業借用程度及經營安全性大小。200%健全，150~200%普通。
	3	固定比率	固定資產淨值（固定資產-已提列折舊）/股東權益（淨值＝資產總額-負債總額）				測驗淨值佔固定資產比率，以視長期投資之固定資產是否有以長期債來抵充，即百元固定資產中有多少元系由自投資本所購入（自有資本中多少元投入固定資產表非自已資本固定化程度）測驗自有本中投入估定資產之比率，比率的數字最好要小於1，表示固定資產的購置都是來自於自有資金，而且尚有餘裕可用來短期週轉。另外行業不同，最適固定比率也有差異，例如製造業會較高，而買賣業應較低。

項目		指數	算式	前年	去年	今年預估	意義及功能
財務結構健全性分析	4	流動資產與資產總額比率(流動資產構成比率)	流動資產/資產總額(企業資產負債表的資產總計金額)				測驗投入流動用途的資產與資產總額的比例,以測定財務結構的變化與消長對企業是否有利。
	5	固定資產與資產總額比率(固定資產構成比率)	固定資產(有形資產+無形資產)/資產總額				測驗投入固定用途的資產與資產總額的比例,以觀察資金結構的變化與消長業企業是否有利。
	6	負債構成比率	負債總額/總資本(流動+固定+無形+金融等四大類資產)				測驗負債總額佔總資本之比例,即每百元總資本另有多少外投資本配合營運,以測定負債是否過量。,高比例的借債情況,容易使得企業面臨龐大的利息支出,而增加倒閉的可能。
	7	負債對自有資本比率	負債總額/自有資本(普通股權益＋其他第1類資本＋第2類資本)				測驗股東對企業投資額與債權人對企業投資額之比率,以測定其對長期信用及安全保障程度及對債權人之長期償債能力。一家正常產業的公司負債比的合適水準約為30~60%之間。
	8	固定資產與長期負債及自有資本總額比率	固定資產/長期負債+自有資本				測驗需要鉅額固定資產之企業其自有資本是否足夠購置全部資產之需,如需償長期借款亦應在企業健全性之原則下。保持適當之比率。100%便是強,%愈低,資本力愈強。

拾、附件資料 | 133

項目		指數	算式	前年	去年	今年預估	意義及功能
財務結構健全性分析	4	流動資產與資產總額比率(流動資產構成比率)	流動資產/資產總額(企業資產負債表的資產總計金額)				測驗投入流動用途的資產與資產總額的比例,以測定財務結構的變化與消長對企業是否有利。
	5	固定資產與資產總額比率(固定資產構成比率)	固定資產(有形資產+無形資產)/資產總額				測驗投入固定用途的資產與資產總額的比例,以觀察資金結構的變化與消長業企業是否有利。
	6	負債構成比率	負債總額/總資本(流動+固定+無形+金融等四大類資產)				測驗負債總額佔總資本之比例,即每百元總資本另有多少外投資本配合營運,以測定負債是否過量。,高比例的借債情況,容易使得企業面臨龐大的利息支出,而增加倒閉的可能。
	7	負債對自有資本比率	負債總額/自有資本(普通股權益+其他第1類資本+第2類資本)				測驗股東對企業投資額與債權人對企業投資額之比率,以測定其對長期信用及安全保障程度及對債權人之長期償債能力。一家正常產業的公司負債比的合適水準約為30~60%之間。
	8	固定資產與長期負債及自有資本總額比率	固定資產/長期負債+自有資本				測驗需要鉅額固定資產之企業其自有資本是否足夠購置全部資產之需,如需償長期借款亦應在企業健全性之原則下。保持適當之比率。100%便是強,%愈低,資本力愈強。

項目		指數	算式	前年	去年	今年預估	意義及功能
財務結構健全性分析	9	資產總額週轉率	銷貨額/資產總額				測驗每元資產可經營多少之生意,以測定資產使用效能是否優異,投入資產總額是否過多或不足。
	10	固定資產週轉率	銷貨額/固定資產 or 固定資產/銷貨額				測驗固定資產的使用效能(生產設備之有效利用程度)是否優異,以測定投入固定資產的資金有無過多之弊;即每元固定資產之投資,可經營多少元之生意。
	11	流動資產週轉率	銷貨額/流動資產 or 流動資產/銷貨額				測驗一定期間流動資產之利用次數(程度),以測定其每次轉變獲益能力及經營效能,以及流動資產投資是否過多。
	12	應收帳款週轉率	銷貨額/平均應收帳款(期初應收帳款+期末應收帳款/2)				測驗投入應收款項內的資金在一年內週轉之次數亦即銷貨發生後多少天才能收款(收回速度),用以控制銷售員收帳效率,以測知投入應收帳款資本使用是否經齊,企業放帳政策有無寬濫,收帳能力是否高超。
	13	應收票據貼現率	票據貼現額/銷貨額				測驗應收票據貼現佔銷貨之比例,俾供釐定收放帳款政策之參考。
	14	應收帳款壞帳率	壞帳/應收票據+應收帳款+應收票據貼現				測驗壞帳佔應收款項之比例,俾供放帳佾收帳政策改進之參考。

拾、附件資料 | 135

項目		指數	算式	前年	去年	今年預估	意義及功能
財務結構健全性分析	15	銷貨額增加率	(本期銷貨額-上期銷貨額)/上期銷貨額				測驗推銷人員的工作效能,以測定銷售實績。
	16	銷貨額與存貨比率(存貨週轉率)	銷貨額/平均庫存				測驗銷貨佔存貨額比率,以測定銷售能力是否銀良好,存貨需存量是否足夠。
	17	營業費用與銷貨比率	營業費用/銷貨額				測驗營業費用佔銷貨額比率,以測定營業費用之負擔對該期損益之影響程度。
	18	每一員工平均銷貨額(量)	銷貨額/員工人數				測驗每一員工平均銷貨額,以測定員工平均銷售效率。
	19	銷貨退回及折讓與銷貨總額比率	銷貨退回及折讓/銷貨總額				測驗銷貨退回及折讓佔銷貨總額的比率,以測定其是否超出一般正常水準。
	20	應收款項與銷貨比率(應收帳款週轉率)	平均應收帳款/銷貨額				測驗應收款項佔銷貨比率,以測定經營者之收帳能力,放帳是否太濫。
	21	淨值與銷貨比率	自有資本(普通股權益+其他第1類資本+第2類資本)/銷貨額				測驗淨值佔銷貨額比率,以顯示資金運用是否得法。

項目		指數	算式	前年	去年	今年預估	意 義 及 功 能
財務結構健全性分析	22	推銷費用與銷貨額比率(推銷費用率)	推銷費用/營業費用				測驗每一項目的推銷費用所佔總額的比率,以確定分是否得當,結構是否平衡,效率是否優異,並分析其原因以改進。(以下各項均同)。
	23	管理費用與銷貨額比率	管理費用/銷貨額				測管理費用佔銷貨額比率,以測定管理費用是否過高,有無浪費。
	24	推銷管理費與銷貨額比率	推銷管理費用/銷貨額				測驗管理費用佔銷貨額比率,以測定推銷及管理費用之效率是否合理,有無浪費。
	25	用人費與銷貨額比率	用人費用/銷貨額				測驗用人費佔銷貨額比率,以測定一單位銷貨額須化多少用人費。
	26	利息支出與銷貨額比率	利息支出/銷貨額				測驗利息佔銷貨額比率,以測定一單位銷貨須支出多少利息。
	27	交際費率	交際費用/銷貨額				測定交際費佔銷貨額比率,以測定一單位消貨須化多少交際費。
	28	廣告費率	廣告費用/銷貨額				測驗廣告宣傳費佔銷貨額比率,以測定每一單位銷貨額須化多少廣告費,廣告效果是否適切。
	29	生產值(量)(萬元)	生產值/員工人數(入廠平均數)				測驗每一員工生產值,以測定平均每人生產能率。

項目		指數	算式	前年	去年	今年預估	意義及功能
財務結構健全性分析	30	附加價值(萬元)勞動生產力	附加價值/員工人數				測驗用人費其他經費及純利益比率，以測定每一員工創造價值（一般中小型企業均以毛利益視為附加價值）。
	31	員工銷貨生產力（萬元）	銷貨額/員工人數(銷售員數)				測驗每一員工銷售額，以測定銷售員之銷售能率及人員是否過多情形。
	32	附加價值率	附加價值/銷貨額				測驗附加價值佔銷貨額比率。(服務業：70%以上)附加價值：營業額-商品購入成本（含運費）-（折舊+修繕）
	33	附加價值勞動生產力(ii)	附加價值/薪工				測驗投入勞動力所貢獻之經濟價值對附加價值比率。
	34	資本生產力	附加價值(月平均)/固定資產(年底)				測驗投入資本（包括生產能力及原材料生產力）所貢獻之生產能力。生產量/機械台數，生產量/原材料耗用量。產出越多，投資效率越高。
	35	勞動分配率(所得)	勞動收益(用人費)/附加價值				測驗附加價值中分配於勞動之比率。（服務業65%以下）。
	36	銷貨額成長率	(本期銷貨額-上期銷貨額)/上期銷貨額				測驗每年銷貨增加比率。

項目		指數	算式	前年	去年	今年預估	意義及功能
財務結構健全性分析	37	附加價值成長率	(本期附加價值-上期附加價值)/上期附加價值				測驗每年附加價值增加比率。
	38	每人平均銷售額成長率	(本期每人平均銷售額-上期每人平均銷售額)/上期每人平均銷售額				測驗平均每年每人增加銷售比率。
	39	每人平均毛利增加率	(本期每人平均毛利-上期每人平均毛利)/上期每人平均毛利				測驗平均每年每人增加獲利比率。
	40	純利益增加率	(本期純利益-上期純利益)/上期純利益				測驗每年純利增加比率。
	41	應付帳款週轉率	(本期成品轉入成本+直接材料費+外購品費+外製加工費+間接材料費)/(應付票據+應付帳款)				測驗一企業由正常營業償還應付帳款之能力及所需時間之久暫,以測定償還應付客戶或其他流動負債之週轉能力。
	42	票據貼現率	票據貼現額/銷貨額				測驗票據貼現率大小,以測定資金運用是否靈活。
	43	借入款利息率	(應付利息-應收利息)/營業利益				測驗利息負擔佔營業利益比率

拾、附件資料 | 139

六、未通過（創業板）審核的這些公司存在 7 大類及幾個小類的問題

公司存在 7 大類及幾個小類的問題 —（被擋在創業板的大門外）

未通過（創業板）審核的這些公司存在 7 大類及幾個小類的問題，有些公司可能存在其中一個問題，有些公司則同時存在多個問題。

第一大主因，持續盈利能力問題和成長性不足，共有 8 家公司因此被擋在創業板的大門外。具體原因包括經營模式和所屬行業發生了重大變化；對單一不確定性客戶存在重大依賴；收入或利潤出現負增長，難以提供有說服力的理由；過分倚重稅收優惠、財政補貼等，成長"原動力"不足；通過關聯交易輸送利潤，關聯交易占發行人業務比例大且關聯交易較其他業務對於公司利潤的貢獻更大等；成長性包裝問題，如利用研發費用資本化、提前或推遲確認收入、非經常性損益等手段調節利潤等。其中有家公司研究費用資本化不符合會計處理要求，如果進入費用，將會導致 2023 年淨利潤低於 2022 年，不符合發行上市條件。還有一家公司主營業務為跑車設計，目前投入一個多億元從事跑車製造，致使經營模式發生重大變化。

第二大主因是發行人的獨立性問題，由於改制不徹底造成對控股股東的依賴，出現關聯交易、資金佔用、同業競爭等問題，共有 4 家公司因此被否。這些公司在市場、商標和核心技術等方面受制於控股股東和實際控制人。其中有家公司報告期第一年的銷售收入和利潤主要來自於控股股東，儘管其後有所改善，但其獨立的市場運作能力、獨立應對市場競爭的能力還必須時間來檢驗。

第三大主因是發行人的主體資格問題，報告期內實際控制人、管理層是否發生重大變化，控股股東、實際控制人是否存在重大權屬糾

紛，是否存在國有資產流失、集體資產被低估或非法轉讓問題，是否存在"裙帶利益鏈"，即通過股權設計進行非法利益輸送的情況，也有 4 家公司因此被否。其中有家公司股權結構存在問題，該公司共有股東 51 名，其中包括 11 名境內法人股東、2 名外資法人股東、35 名境內自然人股東和 3 名境外自然人股東，公司無控股股東和實際控制人，其法定代表人及其控股的企業持股比例約為 17.8%，兩家外資股東分別持股 14.2% 和 13.8%。

第四是募集資金的使用問題，包括融資的必要性問題，募集資金是否有明確的使用方向，募投項目是否有明確的盈利前景，對超募資金運用的準備情況是否充分，是否會出現盲目擴張或"趕鴨子上架"的情況，3 家公司因此被否。其中有家公司的新產品能否取得國家證書尚存在不確定性，因此明顯不符合上市條件。

第五大原因是資訊披露不合理，資訊披露不得存在重大遺漏或誤導性陳述，風險因素的披露應盡可能量化分析，不允許避重就輕或空洞無物等，有 1 家公司因此被否。該公司招股說明書中對公司商號、人員、技術、品牌等方面的描述不夠清楚，委員對公司業務的完整性、獨立性無法判斷，此外，招股說明書還隱瞞被行政處罰等對其有重大影響的事件。

第六大原因是規範運作和內部控制問題，包括內部控制薄弱，會計核算嚴重不規範，資金佔用，代收銷售款，財務獨立性差等，有 7 家公司因此被否。其中有家公司未經董事會審議就簽訂了一項重大合同。

第七大原因是財務會計存在問題，有 5 家公司因此被否。其中有家公司原始報表與申報報表存在較大差異，對是否存在調節收入、成本無法作出合理解釋。

七、＊＊動力電池（鋰電池）- 商業計畫書
＊＊＊集團

動力電池（鋰源）- 商業計畫書
＊＊＊＊能源投資管理有限公司
20＊＊年＊＊月

目 錄

第一章 項目摘要	**145**
第二章 融資計畫	**146**
2.1　財務報表摘要	**146**
2.2　融資規模與資金投向	**146**
2.3　投資估值與獲利預測	**146**
2.4　退出策略	**146**
第三章 行業介紹與市場分析	**147**
3.1　行業介紹	**147**
3.2　市場規模	**148**
3.3　市場動向與成長動力	**148**
第四章 公司與產品介紹	**148**
4.1　法律架構	**148**
4.2　經營環境	**149**
4.3　管理團隊	**150**

4.4	組織架構	**150**
4.5	商業模式	**150**
4.6	產品介紹	**151**
4.7	工藝流程	**153**
4.8	公司現況與發展遠景	**155**
4.9	科技與專利	**155**
4.10	營業執照與合同	**155**

第五章 競爭分析　　　　　　　　　　　　　　　　**156**

5.1	市場區隔	**156**
5.2	產業鏈模式	**160**
5.3	競爭對手分析	**161**
5.4	競爭模式與競爭者分析	**163**
5.5	競爭策略	**164**
5.6	競爭優勢	**165**
5.7	競爭劣勢	**165**

第六章 銷售計畫　　　　　　　　　　　　　　　　**166**

6.1	市場策略	**166**
6.2	銷售團隊	**166**

第七章 生產計畫　　　　　　　　　　　　　　　　**166**

7.1	主要原材料與輔助材料供應	**166**
7.2	燃料供應	**166**
7.3	人力資源	**166**

7.4	擴廠計畫	**167**
7.5	相關配套	**169**
7.6	設備方案	**171**
7.7	工程方案	**176**
第八章	研發計畫	**179**
8.1	研發團隊	**179**
8.2	研發計畫	**180**
第九章	經營風險與風險控管	**180**
9.1	風險定義	**180**
9.2	風險因數	**181**
9.3	主要風險程度分析	**182**
9.4	防範和降低風險措施	**182**
9.5	風險控制	**183**
9.6	風險轉移	**184**
第十章	財務計畫與報表	**184**
10.1	資產負債表	**184**
10.2	利潤表	**184**
10.3	現金流量表	**184**

第一章、項目摘要

隨著能源短缺、環境污染的問題受到重視，政府出臺"十城千輛"的計畫，並有明確的補貼政策，包括每輛巴士最多可以得到 5 萬元的補助。爲動力電池開啓了一個廣大的市場。

＊源的動力電池使用"磷酸亞鐵＊"動力電池，充一次電，持續行駛 350 公里以上、最高時速超過 150 公里、百公里耗電 30KWh，目前已通過省級和中國一汽集團的檢測鑒定。

＊源與一汽客車有限公司聯合開發了純電動中巴、純電動大巴等三款純電動樣車，純電動中巴車已批量下線 20 台。目前又與一汽集團旗下品牌"一汽奔騰"聯合開發純 10 台電動轎車的樣車，同時本公司"＊源牌"電池產品爲"一汽純電動汽車電池指定產品"。

目前國內有能力生產 160 安時、300 安時、400 安時及 600 安時以上的動力＊電池企業只有四家，分別爲深圳、洛陽和長春＊源、遼源＊源的新能源公司。年產總額不到 4 億安時，其中我公司投資的長春和遼源的兩個企業產能已接近年產兩億安時，占目前國內總產量的 50%。

遼源＊源新能源股份公司系本集團 20// 年 6 月已在吉林省遼源市投資設立，資本額壹億元人民幣，成立了該公司以生產 ＊源牌動力電池，當年 12 月已出產品。遼源＊源新能源公司的生產規模爲每年 1.2 億安時的 300 安時或 400 安時動力電池，是國內目前最大的 ＊電池生產廠。公司的產品將配套一汽發展純電動車的生產規劃，將長春建成中國第一家純電動車的搖籃。

爲了加速擴張，樹立品牌地位，公司除了與各個地方的汽車廠、地方政府洽談外，正積極尋找加盟的戰略投資人。

第二章、融資計畫

2.1. 財務報表摘要

（請提供資產負債表、利潤表）

2.2. 融資規模與資金投向

2.2.1 集團戰略投資人

目前公司打算出讓 X% 的股權，募集 XXX 萬元資金，資金用途為：

(1) XXX 萬：行銷推廣費用

(2) XXX 萬：流動資金

2.2.2 連鎖經營電池廠

另外公司擬以合資建廠的方式連鎖經營，建廠方案有以下三種：

(1) 年產 3000 萬安時的廠：＊源負責技術授權、管理營運、行銷。投資金額 6000 萬，投資方出資 XXX 萬，佔有 X% 的股權。

(2) 年產 5400 萬安時的廠：＊源負責技術授權、管理營運、行銷。投資金額 8000 萬，投資方出資 XXX 萬，佔有 X% 的股權。

(3) 年產 1 億安時的廠：＊源負責技術授權、管理營運、行銷。投資金額 1.4 億，投資方出資 XXX 萬，佔有 X% 的股權。

關於連鎖建廠的詳細方案，請見 XXXX

2.3. 投資估值與獲利預測

（取得財務報表等資料後才可以進行）

2.4. 退出策略

本專案退出的方式包含但不限於以下兩種：

(1) 國內中小板上市：＊源集團計畫在 3~5 年後，在國內中小板上市。

(2) 管理層購回：對於連鎖建廠的投資者，可在工廠運作3年後，要求母公司購回其他投資者的股份，購回條款另行協商。

第三章、行業介紹與市場分析

3.1. 行業介紹

伴隨著世界性燃料儲量的危機，以及環境污染的嚴重，儘快發展以蓄電池為主要動力源的交通工具，已得到迅速發展。但傳統蓄電池做為一種大功率、大容量的動力電源，並沒有解決其本身的致命弱點，人們在成千上萬次的試驗中，發現根本消除不了二大問題：

1、比能量低（一次性充電達不到理想的續駛里程）；

2、比功率小（加速爬坡能力低，在大電流放電時很難趨於平衡狀態）。

＊＊離子動力電池的產生，對使用大功率、大能量的驅動使用設備提供了新的憧憬。＊＊離子動力電池的優越性基本上可歸納為：工作電壓高（是鎳鎘電池氫-鎳電池的3倍）；比能量大（理論上可達 165-170WH/ kg左右，是氫鎳電池的3倍）；體積小；品質輕；迴圈壽命長；自放電率低；無記憶效應；無污染等。

石油不可再生資源的枯竭，世界各國都在尋找、研發替代能源。事實證明，＊＊離子動力電池正是延續再生的清潔能源，她不僅徹底替代污染的鉛酸電池，而且她將使人類從綠色零排放的陸路交通擴展到海洋電動船、天上電動飛機等交通行業和礦產部門，成為礦業新能源，使能源結構向潔淨方向發展。

電動汽車是發展方向，而動力電池作為動力汽車的關鍵元件，其市場需求必然伴隨電動汽車的崛起而迅速發展起來，成為一個大產業。據專家分析，21 世紀，中國將成為電池及電池材料的王國，無論從資源角度，還是從環境保護角度，電動汽車均會得到快速發展，市場佔有率將快速增長，＊＊離子動力電池作為電動汽車的關鍵零部件之一，其市場前景廣闊，發展潛力巨大。

3.2. 市場規模

目前我國每天約 230 萬輛燃油公車在各大城市鄉村中運營，每年要花去約 5600 億人民幣去全球搶購石油，而且公車輛的數量逐年以 10% 速度在增長。如果將每年的 10% 燃油公車改用電動能源，每年必須確保不少於 1600 億人民幣的＊＊離子動力電池的需求。

3.3. 市場動向與成長動力

目前，中國已經成為全球第二大汽車市場，到 2030 年，預計將趕超美國，位列第一。如果中國的汽車業以當前 12% 的年均增長率發展，那麼未來 25 年裡，中國將新增 2.7 億輛汽車。到 2030 年，中國的乘用車總量可達 2.87 億輛，大約是那時世界汽車總數的 30%，這樣龐大的汽車數量構成了＊動力電池的市場基礎。

第四章、公司與產品介紹

4.1. 法律架構

中國＊源投資有限公司是一家專業投資公司，主要投資研發、生產＊動力電池、電池管理、電池新材料及電動車總成等的高新技術。公司成立於 2008 年 6 月，由 XXXX 共同投資。

4.2. 經營環境

科技部長萬鋼提出"十城千輛"的計畫，預計從 2010 年起連續 3 年，選定 10 個城市，每個城市有 1000 輛的新能源車進行示範運行，＊源位處長春，是重點推行的城市之一。

中國第一汽車集團在長春、大連獲得十一五 863"節能與新能源車"的 10 個項目。純電動公車每輛最高補助可達 50 萬元。

資料來源：中華人民共和國科技部 / 金屬中心產業研究組

表 2 中國汽車品牌與十城千輛可能配合城市

汽車品牌	可能配合城市	十一五 863「節能與新能源汽車」獲得項目數
一汽(含大眾、海馬、夏利)	長春、大連	10
奇瑞	合肥	5
長安	大連、重慶、昆明	4
上汽	上海	3
東風(含南充、電動車)	武漢	3
中通客車	濟南	2
北汽福田	北京	1
華普	上海	1
安源客車	南昌	0
比亞迪	深圳	0
南汽	長沙	0

資料來源：本研究 / 金屬中心產業研究組整理

4.3. 管理團隊

4.3.1 董事會與管理團隊
　　董事長＊＊＊：
　　執行董事：
　　非執行董事：
　　總經理李＊＊：
　　副總經理：
　　技術部主管：
　　銷售部主管：
　　生產部主管：
　　財務長：

4.3.2 法律、財務、電池專家顧問
　　（1）法律顧問：
　　（2）業務拓展顧問：
　　（3）電池專家顧問：

4.4. 組織架構

　　公司按現代企業制度要求設置職能機構，包括董事會、監事會、生產部、技術部、經營部、財務部、行政部、網路營運發展部等。運作上實行董事會授權下的總經理負責制，以總經理為首的經理層按照法律、法規和股東共同制定《公司章程》規範運作。總經理全權處理企業的一切經營活動，對一些獨立生產部門和工作可採取承包經營的管理模式。

4.5. 商業模式

　　公司接單後，採購磷酸亞鐵＊（正極材料）、石墨（負極材料）、電解液等材料，組裝成電池模組後交給汽車廠，汽車廠外購（或自製）電池管理系統後，整合成新能源車。

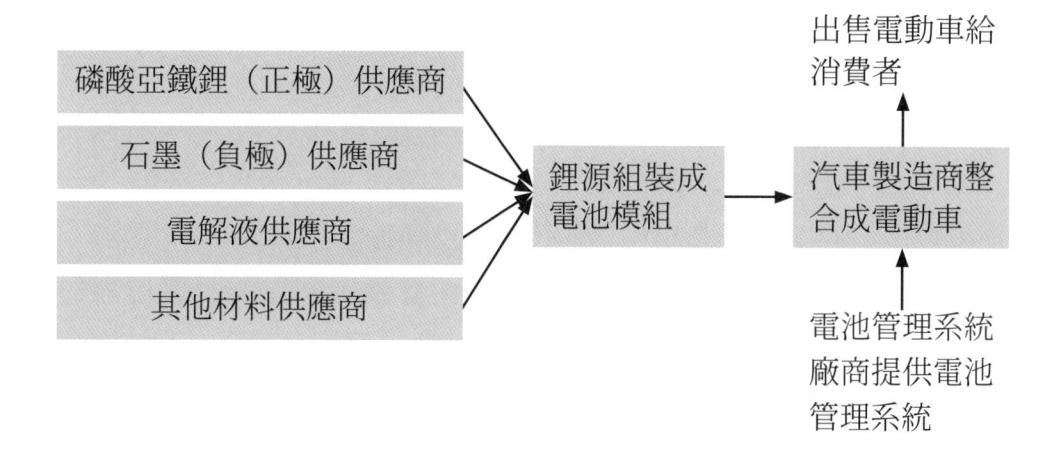

```
磷酸亞鐵鋰（正極）供應商 ┐
石墨（負極）供應商       ├→ 鋰源組裝成  → 汽車製造商整  → 出售電動車給
電解液供應商             │   電池模組      合成電動車      消費者
其他材料供應商           ┘                    ↑
                                          電池管理系統
                                          廠商提供電池
                                          管理系統
```

4.6. 產品介紹

公司產品為磷酸亞鐵＊動力＊電池，動力＊電池由電池正極、負極、電解液、隔膜、頂蓋、安全閥、絕緣體和墊圈等幾個主要部份組成。採用澆鑄或擠壓的方式可製成正負極薄片，負極集電體為銅箔，正極為鋁箔，電池負極塗膜材料主要為石墨，電池正極塗膜材料以磷酸亞鐵＊為主。在熱滾壓時集電體可壓入電極薄片中。把正、負極片和隔膜技電池結構排列，經熱滾壓可使其壓為一體，成為一疊層結構的電池片。處理後的疊層電池片放在多層塑鋁薄膜袋中，經減壓乾燥，在乾燥密閉惰性氣氛下注加有機電解液（LiPF6，EC/EMC 溶液等）後熱封口，充電後就成為＊＊離子電池。

公司產品特徵如下：
1、電池放電電壓允許低至 2.0 ～ 2.5V 之間，不會損壞電池。
2、一般在常規環境中保持充電電壓 ≤ 4.3V；放電電壓 ≥ 2.5V 時，該類電池的迴圈壽命應大於 2000 次以上。

該類電池適應 -30℃至 75℃環境溫度下充放電。

3、該類電池不會由於過充或過放電而發生意外。除非人為惡意將電池作破壞性試驗，否則該類電池不會因內部短路而起火燃燒。

4、該類電池是用作移動式動力源最理想的電池。

5、該類電池的系統組合不會由於沒匹配安裝品質可靠的 "BMS" 均衡充放電保護系統而產生意外，如起火、燃燒等。但當系統組合這類電池在長期充放電使用中，如果沒有均衡充放電保護裝置，會造成個別單體電池出現過充放電，甚至會出現個別單體電池最高電壓達到 5 或 10V；而同時也會出現個別單體電池放電時電壓為 1.5V 或者 0V。這種情形雖然不會與 LCP 類電池一樣出現電池短路冒煙，起火燃燒等現象，但對過充電和過放電的個別單體電池會損壞、失效，不能繼續使用了。

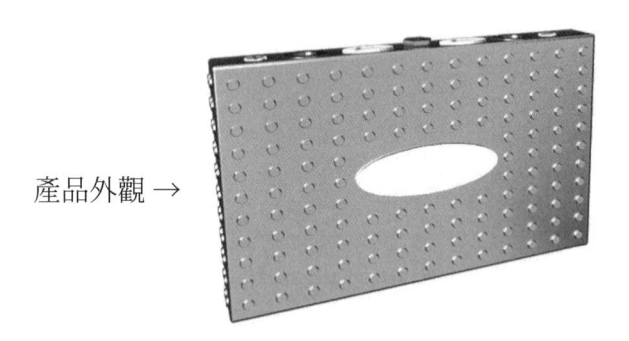

產品外觀 →

　　公司目前主要的系列有 TS-LFP300AH、TS-LFP400AH、TS-LFP800AH（LF：表示磷酸鐵氟＊的組合電池；P：表示方型；300AH、400AH、800AH 表示電池標準容量），目前主要銷往一汽客車有限公司，隨著產品規模的逐漸擴大，逐漸銷往國內其它省市汽車製造廠，最終打入國際市場。

4.7. 工藝流程

＊＊離子動力電池生產過程主要包括合漿、塗膜、切片、疊片、封口、注液、化成、檢測工序。各工序生產過程簡述如下：

(1) 合漿工序：

將磷酸鐵氟＊、導電膠、粘合劑及純淨水加入正極合漿機內，攪拌成正極漿料。將石墨、導電膠、粘合劑及純淨水加入負極合漿機內，攪拌成負極漿料。

(2) 塗膜工序：

將攪拌好的漿料通過塗膜機塗在正極板（鋁箔）和負極板（銅箔）上，將塗膜機 12 段溫度控制在 90~100°C 之間，最大塗膜速度為 8m/min。

(3) 切片工序：

首先將塗膜成的極片送到烘乾機裡，烘乾 5h，溫度 80°C。然後將烘乾好的極片放到切片機上進行切斷。

(4) 疊片工序：

工序第一步將切完的極片通過疊片機疊成電芯，疊片速度為 15 分鐘／每塊，工序第二步將完成電芯，然後通過沖孔後裝用極柱，並用萬用表檢測電芯是否短路。

(5) 封口工序：

將成品電芯送入乾燥機乾燥 5 小時，溫度 110°C，將乾燥完的電芯放入電池盒內封口。

(6) 注液工序：

將封口後的電池通過注液機注液口往電池裡注液，最快速度為 10 分鐘／塊，注液材料是電解液。

(7) 電池化成：
將注液後的電池放到充電機上對電池進行化成，並通過電腦控制電池在化成過程中的監控，化成時間在 24 小時。

(8) 大電流檢測及入庫：
將化成後的電池串聯在一起，通過大電流檢測台對其進行電流檢測，在化成檢測過程中，主要監控短路、漏液等現象。

將檢測合格的化成後的電池入庫。

工藝流程框圖：

＊＊離子動力電池的生產工藝簡圖

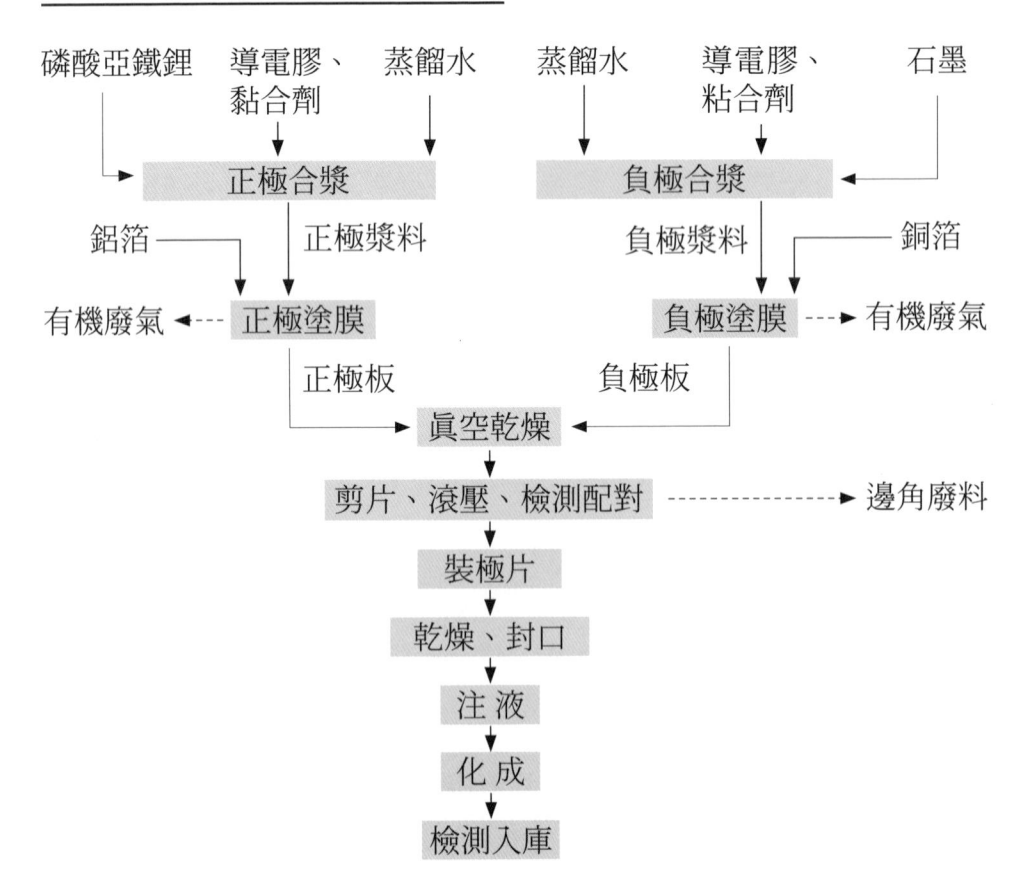

```
磷酸亞鐵鋰    導電膠、    蒸餾水      蒸餾水    導電膠、      石墨
              黏合劑                           粘合劑
     │          │          │          │          │          │
     ▼          ▼          ▼          ▼          ▼          ▼
    ┌─────────────────────────┐    ┌─────────────────────────┐
    │       正極合漿          │    │       負極合漿          │◄──
    └─────────────────────────┘    └─────────────────────────┘
        │           │                   │              │
       鋁箔     正極漿料              負極漿料         銅箔
        │           │                   │              │
        ▼           ▼                   ▼              ▼
有機廢氣◄---┌──────────┐              ┌──────────┐---►有機廢氣
            │ 正極塗膜 │              │ 負極塗膜 │
            └──────────┘              └──────────┘
                 │    正極板      負極板    │
                 └──────►┌──────────┐◄─────┘
                         │ 真空乾燥 │
                         └──────────┘
                              │
                              ▼
                   ┌────────────────────┐
                   │ 剪片、滾壓、檢測配對 │----------►邊角廢料
                   └────────────────────┘
                              │
                              ▼
                         ┌────────┐
                         │ 裝極片 │
                         └────────┘
                              │
                              ▼
                       ┌──────────┐
                       │ 乾燥、封口 │
                       └──────────┘
                              │
                              ▼
                         ┌────────┐
                         │  注 液 │
                         └────────┘
                              │
                              ▼
                         ┌────────┐
                         │  化 成 │
                         └────────┘
                              │
                              ▼
                       ┌──────────┐
                       │ 檢測入庫 │
                       └──────────┘
```

4.8. 公司現況與發展遠景

公司在設立之初,即採用以下原則建廠:

1、先進性。提高項目在市場中的競爭能力。
2、實用性。與專案產品方案相適應,達到發揮其資源優勢、降低原材料和能耗、提高產品品質的目的。
3、可靠性。採用先進生產技術,在保證產品品質和成本合理的前提下,對擬購置的主要設備進行國內採購。
4、經濟合理。各工藝技術方案要體現投資小、成本低、利潤高的效果。
5、適應市場變化。根據市場需求,靈活生產多種產品。
6、安全和環保。技術方案的選擇,要為生產工人提供安全的工作環境和無污染或儘量減少污染的工藝。

故公司的原料、設備均採用較高品質的供應商,如磷酸亞鐵＊由臺灣的＊＊電能,自動化設備購置＊＊＊國、＊＊＊國等。

4.9. 科技與專利

（公司提供）

4.10. 營業執照與合同

（公司提供）

第五章、競爭分析

5.1. 市場區隔

5.1.1 動力電池的市場區隔

在機動車上，取代傳統汽油／柴油動力的新能源有以下的主要動力選項：油電混合動力、燃料電池、太陽能電池、鉛酸電池、鎳氫電池、＊電池。

油電混合動力：是目前最成熟，商業化最深的新型動力，但主要的動力來源還是傳統的汽油、柴油，故只能是過度的選項。

燃料電池：是一種將存在於燃料與氧化劑中的化學能直接轉化為電能的發電裝置，以氫氣為主要燃料的發動機實際上是一個氫氧發電裝置，如果氫源不是純氫而是由汽油、甲醇等碳氫化合物經改質器分離出純氫供發電，那麼改質器實際上是一套化工反應裝置。燃料電池的結構複雜、需要使用稀有金屬製作催化劑，導致其成本高、商業化不易，即使經過多年的發展，商業化的前景仍然不明朗。

太陽能電池：由於性能、造價的障礙，目前仍然處於概念的階段。

純電池動力：由於不需要依賴傳統石油，是新能源可能的終極選項。

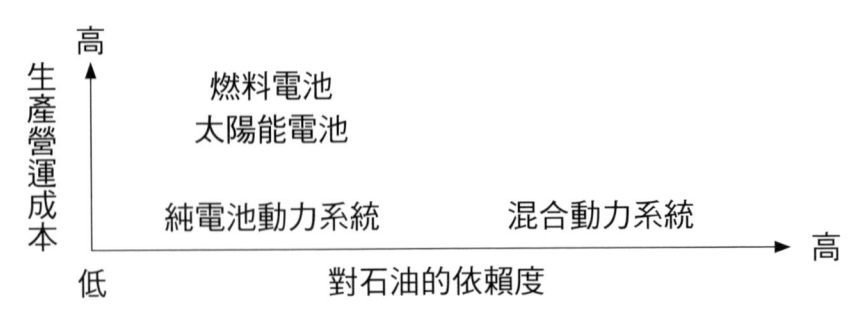

```
生             高
產             ↑
營      燃料電池
運      太陽能電池
成
本      純電池動力系統    混合動力系統
                                        → 高
        低        對石油的依賴度
```

目前，對石油依賴度低，且生產營運成本低的方案，只有純電池動力系統。

5.1.2 純電池系統的選項

在新型的純電池方案裡，主要有鎳氫電池與＊電池兩大類：
(1) 鎳氫電池：

　　優點：價格低，通用性強，電流大，環保穩定（與＊比較）

　　缺點：重量重，電池壽命較短，不耐過飽充（與＊比較）
(2) ＊電池：

　　優點：無記憶效應，重量較輕

　　缺點：成本高，電流較小，不耐過飽充（與鎳氫比較）

　　由於＊電池有無記憶效應、使用壽命長、重量較輕的特點，使得＊電池是動力電池的最佳選項。

5.1.3 動力＊電池的選項

在動力＊電池裡，依照化合物的不同，又可以分為鈷酸＊（LiCoO2）、＊鎳氧化物（LiNiO2）、錳酸＊（LiMnO4）、磷酸亞鐵＊電（LiFePO4）四種。

(1) 鈷酸＊（LiCoO2）：

　　已經實現產業化，優點是導電性良好、＊＊離子擴散係數高、比容量較高（理論比容量 274mAh/g，實際約 140-155mAh/g）、工作電壓高（平均 3.7V）、安全性較高，但由於使用昂貴的重金屬鈷，導致價格高和環境污染，大大限制了未來大規模的應用。總體來說，氧化鈷＊的安全性還沒有保障（150°C以上時，氧化鈷和石墨對＊作用大大減弱，＊的電子與＊原子核距離很近，基本接近或達到＊原子狀態，＊原子與電解液能發生反應，產生大量氣體，內壓迅速上升，造成電池爆炸），又受到 Co 價格的影響，目前只在小容量電池（手機、筆記本電池）上使用，動力電池大多不用其作為正極材料。

(2) 氧化鎳＊（LiNiO2）：
氧化鎳＊的理論比容量大（理論比容量 274mAh/g，實際約 190mAh/g～210mAh/g）、自放電率低、無污染、與多種電解質有著良好的相容性、與 LiCoO2 相比價格便宜等。但由於 LiNiO2 的製備條件非常苛刻、工藝複雜故尚未商業化。此外，LiNiO2 的熱穩定差，熱分解溫度約 200°C左右，且放熱量最多，這對電池帶來很大的安全隱患；LiNiO2 在充放電過程中容易發生結構變化，使電池的迴圈性能變差。這些缺點使得 LiNiO2 目前不是＊電池材料的選項。

(3) 錳酸＊（LiMnO4）：
該正極材料的主要優點為：錳資源豐富、價格便宜，安全性高，比較容易製備。缺點是理論容量不高（其理論容量為 148 mAh/g, 實際容量為 90～120 mAh/g）。；材料在電解質中會緩慢溶解，即與電解質的相容性不太好；在深度充放電的過程中，材料容易發生晶格崎變，造成電池容量迅速衰減，一般迴圈次數只達到 350-400 次，目前低檔次的＊電池採用這種材料。

(4) 磷酸亞鐵＊（LiFePO4）：
其優點有 (1) 由於採用磷酸根取代了氧，在濫用條件下不會有氧氣析出，能解決鈷酸＊及其他現有正極材料不能解決的安全問題；(2) 原料來源廣泛，存儲量豐富，價格低廉；(3) 無毒、無污染，是真正的綠色能源；(4) 高溫性能好；(5) 可逆充電比容量較高（理論比容量

170 mAh/g）；（6）迴圈壽命佳（2000 次以上）。

其缺點主要是其氧原子的分佈幾乎是密堆六方型，＊＊離子移動的自由體積不大，且 LiFePO4 的粒子半徑大，導致＊＊離子的擴散係數低，室溫下電流密度不能太大，不然會降低容量，因而在大電流放電是利用率會明顯降低。改善的方法是透過各種方法縮小 LiFePO4 的粒徑、或添加碳、超細的金屬（銀粉、銅粉）、金屬離子（(Mg2+, Al3+, Ti4+, Zr4+ 等))等，以增加導電性。

由於磷酸亞鐵＊作為動力＊電池的優勢明顯，目前是生產、研發動力＊電池的廠商的首選。而在政策方面，國家 863 計畫投資 20 億資助"電動車"重大專項，而同時國家 973 計畫又投資 3000 萬資助 LiFePO4 材料，作為對電動車項目的基礎研究的補充。

5.2. 產業鏈模式

產業鏈	產品與知名廠商
研發實驗室	研發新型 LiFePO4，包括降低粒徑、提高導電性等，是知識含量最高、進入壁壘最大的流程，目前領先國家是美國。
正極材料、負極材料、電解液等關鍵材料生產商	生產鋰電池所需的部件，其中正極材料（磷酸亞鐵鋰）的生產是壁壘最大、利潤最高的。目前國內的廠商大多處於中試階段，知名廠商有天津斯特蘭、北大先行。國外廠商中，美國 //123、美國 V//nce、加拿大 Phostech、臺灣 // 科技、臺灣 // 電能等皆已實現大規模生產。
動力電池生產商	購買或自產部分材料組裝電池，是產業鏈的最下游，國內生產廠商眾多，較知名的有比亞迪、/// 克能源（// 偏轉的子公司）、天津 //、// 公司。
新能源車製造商	整合電池、電力管理系統、動力系統，製造新能源車。國內知名廠商有比亞迪、一汽、奇瑞等公司。

5.3. 競爭對手分析

5.3.1 美國 //123 System：

在整條產業中，A123 佔據最有利的位置，A123 於 2001 年在麻省理工學院 (MIT) 成立後，成功的使用奈米科技降低磷酸亞鐵＊的粒徑，其磷酸鐵＊主要的特徵是納米級粉體，然後通過高價金屬離子摻雜的專利技術提高材料的導電性。因顆粒和總表面面積劇增而大幅提電池的高放電功率，而且，整體穩定度和迴圈壽命皆未受影響。現在一般的＊＊離子正極材料粉體顆粒若要製成小顆粒便會產生穩定性和安全性同時減弱的副作用，以致必須面對放電功率難以提高的先天極限。A123 擁有自己的實驗室、廠房，自主生產電池模組產品。

5.3.2 美國 V//nce、加拿大 P//stech：

雖然研發實力不如 A123，這些國際大廠也同樣有自己的研發實驗室，透過添加金屬、碳等導電材質提高效能，同時量產品質穩定的磷酸亞鐵＊，擁有自己的電池模組產品與品牌。V//nce 獨資的 // 能源（蘇州）有限公司位於蘇州工業園區內，使用世界領先的安全＊＊離子電池技術，開拓工業用動力型電池市場，致力於安全＊＊離子電池的材料研發，電池生產、電池組裝及銷售。

5.3.3 臺灣 // 科技：

// 科技的磷酸亞鐵＊正極材料（SFCM）已在今年（2009 年）2 月取得美國 USPTO 專利，與台塑合資的台塑 //，也將在 9 月試產。台塑 // 的母公司台塑是以化工起家，研發能力強，並以自有品牌生產汽車，將來透過台塑 // 整合整個研發、磷酸亞鐵＊生產、電池生產、電動車生產研發，成為具有完整電動車技術實力的集團。

5.3.4 臺灣 // 電能 Aleees：
臺灣 // 與臺灣國家同步輻射中心（NSRRC）合作研發磷酸亞鐵＊材料，產品有磷酸亞鐵＊正極材料與電池模組。擁有自有智慧財產權並能量產品質優良的磷酸亞鐵＊材料，是中國許多電池廠商的合作夥伴。

5.3.5 比亞迪：
比亞迪外購磷酸亞鐵＊材料後，生產磷酸亞鐵＊電池（比亞迪命重新名爲"鐵電池"）後整合到自家的混合動力汽車（比亞迪重新命名爲"雙模電動車"）F3DM，其產品已經上市。比亞迪的磷酸亞鐵＊材料供應商包括天津斯特蘭等。比亞迪雖然本身技術含量不高，但其優勢在於其集團內已經生產混合動力車，將來可能發展純電動動力車，因此保障了電池的銷售管道。

5.3.5 天津 // 蘭、北大 //、咸陽 // 能源等：
著名的廠商有天津 // 蘭、北大 //、咸陽 // 能源（上市公司咸陽偏轉的子公司）等，生產磷酸亞鐵＊與電池模組，並逐步提升研發實力，目前雖然品質不穩定、產量不高，但是憑藉著市場優勢，待研發實力提升、生產品質穩定後，產量與發展前景都非常巨大。

5.3.5 國內電池生產商（未生產磷酸亞鐵＊）：
據估計，國內現在大大小小的＊電池生產商有 50 家以上，外購磷酸亞鐵＊後自行組裝電池。依照機器設備的不同，電池品質穩定度與產量有相當的差異。除了生產規模與品質，是否有穩定的銷售管道是競爭的關鍵。

5.4. 競爭模式與競爭者分析

目前動力＊電池的廠商有三種主要的合作模式：

(1) 電池商提供電池模組，汽車製造商整合到車內：

美國的 A//3 與 GM 合作。A//3 生產磷酸亞鐵＊原料並提供電池模組，由 GM 整合到車內。

```
┌─────────────────────┐              ┌─────────────────┐
│       A123          │              │      GM         │
│ 磷酸亞鐵鋰 → 鋰電池  │ ──────────→ │   新能源車      │
└─────────────────────┘              └─────────────────┘
```

在此模式中，A123 掌握了磷酸亞鐵＊的技術，GM 掌握了銷售管道。雙方關係穩定，是強有力的聯盟。

(2) 磷酸亞鐵＊生產商提供正極材料，汽車製造商製作電池並整合到車內：

天津//蘭提供磷酸亞鐵＊原料，比亞迪製作電池並製造汽車

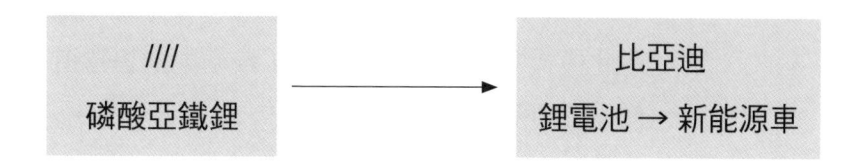

```
┌─────────────────┐              ┌──────────────────────┐
│      ////       │              │       比亞迪         │
│   磷酸亞鐵鋰    │ ──────────→ │  鋰電池 → 新能源車   │
└─────────────────┘              └──────────────────────┘
```

在此模式中，除非磷酸亞鐵＊製造商（天津斯特蘭）擁有獨家的磷酸亞鐵＊技術，否則其被取代的風險很高，比亞迪掌握了銷售管道，可以隨時向其他磷酸亞鐵＊供應商購買材料生產＊電池。

(3) 磷酸亞鐵＊生產商提供正極材料，電池製造商製造＊電池，汽車製造商將電池整合到車內：
如臺灣∥提供磷酸亞鐵＊給＊源，＊源製造＊電池後，由一汽整合到汽車內：

```
臺灣∥            ////           ////
磷酸亞鐵鋰  →   鋰電池   →   新能源車
```

在此模式中，一汽掌握了銷售管道，磷酸亞鐵＊供應商（∥）必須維持其科技領先與品質、產量的穩定，否則被取代的風險很高。而夾在中間的電池製造商（＊源）需要努力拓展銷售管道，並逐步提升自身的技術含量。

(4) 大集團將整條產業鏈整合到集團內：

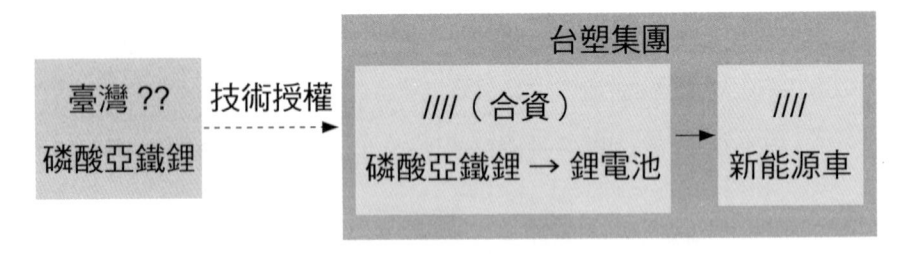

```
                              台塑集團
臺灣??    技術授權    ////（合資）         ////
磷酸亞鐵鋰 ------->  磷酸亞鐵鋰 → 鋰電池  →  新能源車
```

在此模式中，集團同時掌握了技術與銷售管道，可以有效降低投資風險。

5.5. 競爭策略

在整條產業鏈中，最關鍵的競爭力在於（1）磷酸亞鐵＊材料的科技、產量，和（2）＊電池的銷售管道。

＊源目前已經取得了一汽的銷售合同，目前一汽的訂單為 55000 顆 300AH 的＊電，若以遼源廠的全部產能每日 1000 顆計算，約是 2-3 個月的產能。目前除了逐步擴大產能，穩定品質外，正積極與香港政府和其他地方政府洽談，把握住"十城千輛"的機會，積極拓展銷售管道。

中期發展而言，＊源要自主生產磷酸亞鐵＊，如此可以節省成本、提高毛利率，並提供自主研發的基礎。由於大規模生產穩定品質的磷酸亞鐵＊並不容易，需要長時間的經驗、技術積累，故應提早投入自主生產的研發。

由於已經取得的訂單尚無法充分利用遼源廠未來一年的產能，短期內應增加行銷的預算，減緩擴廠的速度。節省流動資金以備不時之需。

5.6. 競爭優勢

(1) 國家政策支持

(2) 地方政府的扶植

(3) 可大規模生產的生產線

(4) 多年的經驗與穩定的品質

(5) 通過市場檢驗的產品

5.7. 競爭劣勢

(1) 缺乏穩定的銷售管道

(2) 關鍵原材料（磷酸亞鐵＊）為外購

第六章、銷售計畫（需先瞭解公司想法）

6.1. 市場策略
6.2. 銷售團隊

第七章、生產計畫

7.1. 主要原料及輔助材料供應

本項目年需主要原材料磷酸亞鐵＊由新鄉市第八化工公司、天津斯特蘭能源科技有限公司、哈爾濱光宇電源股份有限公司、西安鐵虎能源新材料有限公司等國內生產廠家購買，有穩定的供貨管道，能滿足專案生產需要。

其它生產材料石墨粉由長沙//微晶石墨公司購買、粘膠劑及導電膠由成都//樂電源材料廠購買、銅箔由//銅箔（惠州）公司和//（上海）鋁業公司購買、隔膜由河南省////貿易有限公司購買、電池殼由//（深圳）科技發展有限公司購買、電解液由廣州//新材料科技有限公司購買、碳酸＊由青海、新疆、四川等生產廠家購買；其它材料均在全國各地採購，貨源充足，可滿足本專案生產需要。

本專案包裝材料在吉林省內購買，貨源有保證。

7.2. 燃料供應

項目生產所需燃煤在遼源市煤礦購買，煤質採用II類煙煤，運輸採用公路汽車方式保證供應。本專案區域內可提供可靠的供電保障。

7.3. 人力資源

7.3.1 人本理念

公司強化經理層的激勵機制，堅持以人為本的經營理念，用良好的激勵機制充分調動和發揮總經理為首的經理層的主觀能動性。

提倡理性管理，靠系統細化的規則去管理。作到制定規則，落實規則，推行規則。

7.3.2 勞動定員

公司勞動定員為 5660 人，其中管理及技術人員 80 人，生產人員 6120 人。一廠區共計 1140 人，其中：生產職工 1100 人；管理及技術人員 30 人；其他人員 10 人。二廠區共計 3500 人，其中：生產職工 3420 人，管理及技術人員 62 人；其他人員 18 人。

公司職工均由社會上招聘解決。

7.3.3 工作制度

本專案除生產車間工序為 3 班工作制外，其餘均為單班工作日，單班工作時間為 8 小時。

7.3.4 職工培訓

企業計畫在投產前對新招崗位工人培訓完畢，並經考試合格持證上崗。培訓要有目的、有針對性、分批次、分層次進行，培訓方法主要有三個途徑：一是請國內外專家到廠講課；二是到國內同類廠家學習相關技術；三是參與該廠設備的實際安裝，在安裝調試工程中學習提高，確保在投產後能獨立操作本崗生產系統，使生產順利進行。

7.4. 擴廠計畫

為了因應未來的市場，＊源已經擬定了三種擴廠計畫，將來依照地域的情況、資金充裕程度、市場拓展進度而有不同的選擇。本項目投資可分為三種投資額度，投資者可根據實際情況選擇投資額度，所有投資都不超過一年半回收成本，具體如下：

◆ 年產量 3000 萬 // 廠，投資人民幣 6000 萬元的規模：
  1、投入 6000 萬元，年產量可達 3000 萬安時；
  2、具體投資為：購買設備約 4000 萬元，廠房為框架結構，約 3000 m^2，及附屬設施約 1700 萬元，其它費用約 300 萬元；
  3、總產值：銷售價為每安時人民幣 7 元，即 7 元 ×3000 安時 = 2.1 億元
  4、產品成本：每生產 1 安時需人民幣 5 元，即 5 元 ×3000 安時 = 1.5 億元
  5、技術成本：每生產 1 安時支付技術費 0.2 元，即 0.2×3000 安時 = 0.06 億
  6、稅費：每年各種稅費及固定資產攤銷約：1500 萬元
  淨利潤：2.1 - 1.5 - 0.05 - 0.15 = 4000 萬元
  本規模投資保守回收期為：1 年半

◆ 年產量 5400 萬安時廠，投資人民幣 8000 萬元的規模：
  1、投入 8000 萬，年產量可達 5400 萬安時；
  2、具體投資為：購買設備約 5000 萬元，廠房為框架結構，約 4000 m^2，及附屬設施約 2500 萬元，其它費用約 500 萬元；
  3、總產值：銷售價為每安時人民幣 7 元，即 7 元 ×5400 安時 = 3.78 億元元

4、產品成本：生產成本每安時為人民幣 4.8 元，即 4.8 元 ×5400 安時 = 2.6 億元

5、技術成本：每安時支付技術費 0.2 元人民幣，即 0.2 元 ×5400 安時 = 0.108 億元

6、稅費成本：各種稅費及固定資產攤銷約 3000 萬元

淨利潤：3.78 - 2.6 - 0.108 - 0.3 = 0.7 億元

以上預算為最保守，但回收期為一年零二個月。

◆ 年產量 1 億安時廠，總投資人民幣 1.4 億元的規模

1、投入 1.4 億元人民幣，產量可達 1 億安時

2、具體投資：設備款約 9000 萬元，廠房一層框架結構約 7000 ㎡，及附屬設施 約 4500 萬元，其它費用約 500 萬元；

3、總產值：銷售價為每安時人民幣 7 元，即 7 元 ×1 億安時 = 7 億元

4、產品成本：生產成本每安時人民幣 4.6 元，即 4.6 元 ×1 億安時 = 4.6 億

5、技術成本：每安時支付技術費 0.2 元人民幣，即 0.2 元 ×1 億 = 0.2 億

6、稅費：各種稅費及固定資產攤銷：約 4000 萬元

淨利潤：7 - 4.6 - 0.2 - 0.4 = 1.44 億元

以上預算為最保守，但回收期為 11 個月。

7.5. 相關配套

以產能每年 5400 萬安時的工廠為例，其相關配套以及成本利潤計算如下：

序號	指標名稱	單位	指標	備註
1	生產規模			
	＊＊離子動力電池(300AH)	塊/a	18萬塊×300=5400萬安時	
2	勞動定員	人	240	
2.1	一廠區勞動定員	人	60	
	其中：管理、技術人員	人	8	
	生產工人	人	50	
	其它輔助人員	人	2	
2.2	二廠區勞動定員	人	10	
	其中：管理、技術人員	人	62	
	生產工人	人	8	
	其它輔助人員	人		
3	全年生產天數	d	330	
4	廠區占地面積	m2	4000	
	其中：一廠區	m2	900	
	二廠區	m2	240	
5	建築面積	m2	440	
6	設備購置			

序號	指標名稱	單位	指標	備 注
6.1	一廠區設備購置			
	＊＊離子動力電池生產線	條	10	
	輔助及公用工程設備	台（條）	75	
	輔助及公用工程設備	台（套）	150	
7	項目總投資	萬元	8000	
7.1	建設投資	萬元	3000	
7.3	流動資金	萬元	500	
8	經濟指標			
8.1	年營業收入	億元	3.78	各年平均值

8.2	年營業稅金及附加	億元	0.15	各年平均值
8.3	技術費用	億元	0.108	各年平均值
8.4	年經營成本	億元	2.6	各年平均值
8.5	年總成本費用	億元	2.95	各年平均值
8.6	年毛利總額	億元	0.7	各年平均值

7.6. 設備方案

7.6.1 設備選擇原則

1、主要設備選型與專案建設規模、產品方案、工藝、技術方案相適應，滿足項目要求。

2、適應產品品種和品質要求。

3、提高連續化、大型化生產要求。

4、體現設備的先進性、可靠性、成熟性。

5、在滿足機械功能和生產過程的條件下，力求經濟合理，立足於國內。

6、力求通過先進的技術裝備，達到世界先進水準，進而提高企業和產品在國內外市場上的競爭力。

7.6.2 設備選擇

以產能每年 5400 萬安時的工廠為例，其生產線以及每條生產線的配置如下：

＊＊離子動力電池 42 條生產線設備，其中，一廠區購置 10 條，二廠區購置 32 條；擬購置磷酸亞鐵＊生產線設備 10 條，全部為一廠區設備；購置輔助及公用工程設備 310 台（套）。設備購置詳見以下表 1、表 2。

＊＊離子動力電池生產線設備購置一覽表
（一條生產線設備，生產能力 2.5 億 AH/a）

表 1

序號	指標名稱	規格型號	功率(kW)	單位	數量
1	正極合漿機	ML-0.3m³		組	1
2	負極合漿機	ML-0.3m³		組	1
3	正極雙面塗布機	ML-8M/S	50	組	1
4	負極雙面塗布機	ML-8M/S	50	組	1
5	正極單面塗布機	ML-8M/S	60	組	2
6	負極單面塗布機	ML-8M/S	60	組	2
7	電子臺秤	TCS-100		個	2
8	合漿機鋼架	1.5＊1＊1m		個	2
9	合漿機踏步架	1.25＊0.8＊1.4m		個	2
10	極片鋼架			個	4
11	極片稱重平臺	1.8＊0.7＊0.8m		個	2
12	計重秤			個	2
13	半自動疊片機	ML-LP300		台	10
14	半自動疊片機	ML-LP400		台	10
15	衝床（開式可傾壓力機）	JB23-10		台	1
16	正極切片機	ML-300AH	1	台	1
17	負極切片機	ML-300AH	1	台	1
18	正極切片機	ML-400AH	1	台	1
19	負極切片機	ML-400AH	1	台	1
20	滾壓機	ML-200T	7.5	台	4

21	極板真空乾燥爐	ML-0.5m3	6	台	2
22	極板真空乾燥爐	ML-0.3m3	6	台	7
23	電芯真空乾燥爐	ML-1.5m3	22	台	10
24	封口機	ML-300AH	7.5	台	1
25	封口機	ML-400AH	7.5	台	1
26	注液機	ML-TSP		台	1
27	轉能除濕機 (乾燥機組)	NL-800SM	170	組	2
28	冷卻水塔	CT-10T		組	1
29	電池化成機	ML-5V50A-8	3.7	台	120
30	化成傳送線	ML-5V50AM		條	1
31	電腦			台	5
32	電池測試機	ML-1000A5V		台	1
33	電池測試機	ML-5000A60V		組	1
34	電池測試機	ML-300A600V		台	1
35	電池化成車	1＊0.6m		台	20
36	鐳射打碼機	HP-JG80	3.6	組	1
37	電腦			台	3
38	無熱再生吸附式乾燥機	WXD-6		組	1
39	螺杆空壓機	MM37-PE		台	1
40	配電櫃			台	1
41	配電櫃			台	2
42	直流電焊機	ZX7-315		台	1
43	交流電焊機	BX-200		台	1
44	型材切割機	J3G3-400		台	1
	合計 (1 條生產線)			台 (套)	237

輔助及公用工程設備購置一覽表

表 2

序號	設備名稱	規格型號	單位	數量	購置地點	備註
1	一廠區					
1.1	辦公設備		套	1		
1.2	廚具		套	2		
1.3	變壓器（油浸式）	S_{11}型，1600kVA	台	9		備用1台
1.4	配電設備					
	高壓配電櫃		台	5		
	低壓配電櫃		台	7		
	柴油發電機組	120kW	套	1		
1.5	泵房設備					
	變頻供水設施		套	2		1用1備
1.6	消防設施					
	消防水泵		台	2		1用1備
	其他消防設施		套	1		
1.7	排風機		台	20		生產車間
1.8	運輸車輛					
	電動叉車	1t	台	12		
	運輸車	20t	台	5		
	麵包車		台	1		
	電動大巴車		台	1		
	電動中巴車		台	1		
	轎車		台	1		
1.9	機修設備		套	1		
1.1	環保設施					
	減震、消聲等設備		套	1		
	汙水處理裝置		套	1		
	污水流量計及COD線上監測儀		套	1		
	小計		台（套）	75		

2	二廠區				
2.1	辦公設備		套	1	
2.2	廚具		套	2	
2.3	變壓器（油浸式）	S_{11}型，1600kVA	台	29	2台備用
2.4	配電設備				
	高壓配電櫃		台	8	
	低壓配電櫃		台	12	
	柴油發電機組	250kW	套	1	
2.5	泵房設備				
	變頻供水設施		套	2	1用1備
	深井泵		套	2	1用1備
2.6	消防設施				
	消防水泵		台	2	1用1備
	火災自動報警系統		套	3	
	其他消防設施		套	1	
2.7	冷卻塔（含排管）	$200m^3$/套	套	2	室外
2.8	排風機		台	20	
2.9	運輸車輛				
	電動叉車	1t	台	42	
	運輸車	20t	台	8	
	麵包車		台	1	
	電動大巴車		台	2	
	電動中巴車		台	2	
	轎車		台	1	
2.1	機修設備		套	1	
2.11	環保設施				
	減震、消聲設備		套	1	
	汙水處理裝置		套	1	
	污水流量計及COD線上監測儀		套	1	
2.12	實驗設備		套	1	

2.13	活動中心設施		套	1	
2.14	型煤熱水鍋爐	14MW	套	3	備用 1 台
	小計		台(套)	150	
3	廠外充電站設備				
3.1	充電設備	450V 1000A	套	20	美利
3.2	充電站配電設備				
3.2.1	變壓器（油浸式）	3150kVA	台	5	
3.2.2	高壓櫃		台	25	
3.2.3	低壓櫃		台	35	
	小計		台(套)	85	
	合計 (1+2+3)		台(套)	310	

7.7. 工程方案

7.7.1 設計依據

本項目主要設計依據如下：

1、《建築結構荷載規範》　　（GB50009-2001）；

2、《建築抗震設計規範》　　（GB50011-2001）；

3、《建築地基基礎設計規範》（GB50007-2002）；

4、《混凝土結構設計規範》　（GB50010-2002）；

5、《建築設計防火規範》　　（GB50016-2006）。

7.7.2 建築工程

本項目為新建項目，主要建築物有生產車間、倉庫、配電室、泵房、汙水處理站、門衛室、辦公樓、實驗樓、管鍋爐房、充電站等，合計廠區內建築面積 15000m^2。

7.7.3 建設內容

本項目為新建項目，主要建築物有生產車間、倉庫、配電室、泵房、汙水處理站、門衛室、辦公樓、實驗樓、充電站等，合計廠區建築面積 $4000m^2$。

本專案主要建（構）築物工程內容詳見下表。

主要建（構）築物工程內容一覽表

序號	工程名稱	單位	數量	平面尺寸（長×寬）	層數
一	廠區工程				
1	主要生產工程項目				
1.1	一廠區				
1.1.1	＊＊離子動力電池生產車間	m^2	5×7752	68m×57m	2
1.2	二廠區				
1.2.1	＊＊離子動力電池生產車間	m^2	8×20700	115m×90m	2
2	輔助及公用工程項目				
2.1	一廠區				
2.1.1	機修車間	m^2	1700	68m×25m	1
2.1.2	配電室	m^2	156	13m×12m	1
2.1.3	泵房	m^2	140	14m×10m	1
2.1.4	門衛室	m^2	30	6m×5m	1
2.1.5	倉庫	m^2	1224	68m×18m	1
2.1.6	汙水處理站	m^2	140	14m×10m	1
2.1.7	蓄水池	m^3	500		
	其中：消防蓄水池	m^3	300		
	生活蓄水池	m^3	200		

序號	工程名稱	單位	數量	平面尺寸（長×寬）	層數
2.1.8	廠區圍牆	M	1060		
2.1.9	廠區綠化（綠地率25%）	m^2	16660		
2.1.10	廠區道路	m^2	20702		
2.1.11	廠區硬化路面（含停車場500m^2）	m^2	4167		
2.2	二廠區				
2.2.1	庫房	m^2	3612	86m×42m	1
2.2.2	配電室	m^2	600	30m×20m	1
2.2.3	泵房（含深水井）	m^2	600	30m×20m	1
2.2.4	門衛室	m^2	2×49	9.8m×5m	1
2.2.5	機修車間	m^2	3600	80m×45m	1
2.2.6	汙水處理站	m^2	625	25m×25m	1
2.2.7	鍋爐房	m^2	1350	75m×18m	1
2.2.8	蓄水池（地下）	m^3	500		
	其中：消防蓄水池	m^3	300		
	生活蓄水池	m^3	200		
2.2.9	冷卻塔水池（地下）	m^3	2×338		
2.2.10	廠區圍牆	M	2450		
2.2.11	廠區綠化	m^2	109500		
2.2.12	廠區道路	m^2	123612		
2.2.13	廠區硬化路面（含停車場500m^2）	m^2	9755		
3	服務性工程				
3.1	一廠區				
3.1.1	辦公樓	m^2	4080	68m×15m	4
3.1.2	職工食堂、宿舍及車庫	m^2	4080	68m×15m	4
3.2	二廠區				
3.2.1	辦公樓	m^2	8400	70m×30m	4
3.2.2	職工食堂及車庫	m^2	8400	70m×30m	4
3.2.3	職工宿舍及活動中心	m^2	6000	60m×20m	5

序號	工程名稱	單位	數量	平面尺寸（長×寬）	層數
3.2.4	實驗樓	m²	10944	121.6m×30m	3
	一廠區合計建築面積	m²	50310		
	二廠區合計建築面積	m²	229329		
	合計廠區建築面積	m²	279639		
二	廠外工程				
1	電動汽車充電站	m²	5×1380	46m×30m	1
2	充電站配電室	m²	5×300	20m×15m	1
	合計廠外建築面積	m²	6000		

2、配套購置＊＊離子動力電池生產線6條。

第八章、研發計畫

8.1. 研發團隊

本公司推出的"＊源牌"動力＊電池，是本公司研發中心在專家組長王榮順教授的帶領下，歷時多年綜合了國內外市場上各種動力＊電池的技術優勢，創新推出了更加先進完善的"＊源牌"動力電池產品。本公司非常重視開發"＊源牌"動力電池的技術開發和品牌創新。聘請了北京、上海、長春、臺灣、武漢等地的著名＊電池專家合作，投資貳仟萬元人民幣成立了本公司的"＊源動力電池研究院"。下設以電池結構、電池管理系統、電池新材料、電動車總控等四個研究機構。各個機構均由國內外研發＊電池的頂級專家領銜。該專家團隊的領銜專家成員有：

○○○原中國東北○○大學校長、教授、博士生導師、中國化學會物理化學專業委員會、中國量子化學和有機固體專業委員會委員；

清華大學教授、博導、百人計畫

北京交通大學電氣工程學院副院長，博士、教授、博導

上海交通大學化學化工學院教授、＊電池專家

臺灣工業技術研究院研究員、＊電池專家。

○○大學教授、電動車電控專家；

武漢大學教授、＊電池結構研究專家；

○○○大學＊電池及材料課題組主任，化學博士；

○○○○大學副院長、教授，＊電池管理系統專家

8.2. 研發計畫

第九章、經營風險與風險控管

9.1. 風險定義

　　風險是不以人的意志為轉移並超越人們主觀意識的客觀存在，具有可變性，這裡指經濟活動發生損失的不確定性，它有可能是基於人們對客觀事務認識能力的局限性，以及預測本身的不確定性導致項目實施後的實際情況可能與預測的基本方案產生偏差，致使預測結果帶有不確定性。投資專案的風險就是指由於這種不確定性的存在導致項目實施後偏離預期結果損失的可能性。在項目的實施過程中各種風險在質和量上隨著項目的進展不斷變化，有些風險得到控制，每一階段都可能產生新的風險，在專案的全壽命週期內，風險無處不在、無時沒有。風險的大小既與損失發生的可能性（概率）成正比，也與損失的嚴重性成正比。投資項目的風險分析就是通過對風險因素的識別，採用定性分析或定量分析的方法

估計各風險因素發生的可能性對項目的影響程度，揭示影響專案成敗的關鍵風險因素，提出專案風險的預警、預報和相應的風險對策，為投資決策服務。其目的是讓投資者認識和控制風險，在有限的空間和時間內改變風險存在和發生的條件，降低其發生的頻率，減少損失程度，但不可能完全消除風險。風險分析的另一重要功能還在於它有助於在可行性研究的過程中，通過資訊回饋，改進專案設計方案或優選設計方案，從而直接起到降低投資項目風險的效果。

9.2. 風險因數

經分析，本項目主要的風險因素有：

1、市場風險

市場風險主要指本專案產品（** 離子動力電池）市場需求的不確定性。

2、工程風險

工程風險主要包括方案、土建施工與工期等存在的各種不確定性給專案帶來的風險。

3、環境影響

環境影響方面的風險主要指工程建設和運營期廢水排放、雜訊等對周圍環境產生的負面影響，致使專案不能順利實施或需要增加大量投資進行治理等。

4、投資估算風險

投資估算的風險主要來自工程方案變動的工程量增加、工期延長，人工、材料、機械台班費、各種費率、利率的提高等。

5、財務風險

財務方面的風險一是來自產品銷售市場、銷售價格的不確定性，二是投資或營運成本費用的增加等，使項目的盈利水準達不到預期目標。

9.3. 主要風險程度分析

1、專案產品（＊＊離子動力電池）銷售市場風險

市場需求決定銷售量，銷售量決定生產規模。如果一些不可預期的因素（如經濟衰退、戰爭等）導致本專案產品產量下降，或者其它類似企業相繼建成與本項目形成市場競爭，使本項目沒有達產經營時，財務效益降低，將會出現較大的投資風險。

2、工程建設風險

工程造價和工期是本專案主要的工程建設風險。建設中招投標實施的成功與否，將直接關係到工程建設的品質和造價，工程如果延期，將影響新貨運站的資金回收。

3、環境影響

經環境影響評價，本專案的建設對周圍環境影響不大，可以與周圍環境長期協調發展。

4、財務風險

投資專案的建設規模及經濟效益與投資密切相關，因此，投資方面的風險因素對項目至關重要。資金供應不足或者來源中斷將會導致專案工期拖延甚至被迫停止，所以資金來源的可靠性、充足性和及時性都應該重點考慮。

9.4. 防範和降低風險措施

根據對各種風險因素及風險程度的分析，項目面臨的主要風險已經明確，針對這些風險因素提出如下的防範和降低風險的對策。

1、完善服務基礎設施，增強市場競爭力和吸引力

根據企業實際情況，完善各種服務基礎設施，增強市場競爭力和吸引力，使由於企業自身原因所導致的市場風險降至最低。

2、加強專案施工管理，提高工程品質

在本項目在建設上要注意以下幾個問題：

(1) 協調擬建專案同相關方面的關係與抓緊工程建設必須同時進行；
(2) 認真貫徹建設基建程式，保證工程品質；
(3) 注意關鍵工程的進度，注意每一影響工程進度的關鍵部位；
(4) 選擇好設計、施工、監理單位，認真把好設備、材料訂貨關，是保證工程品質和進度的關鍵。

3、加強專案建成後的經營管理，提高經濟效益

加強企業經營管理，主要是圍繞增收節支開展工作，儘量減少成本和管理費用，提高專案運營的經濟效益，防範和減低各種經營風險。

9.5. 風險控制

本專案可控制風險主要有工程風險、技術風險、財務風險、外部協作條件風險等。為了將這些風險降低到最低限度，要密切關注國內外＊＊離子動力電池生產的發展和進步，及時掌握和運用新技術，不斷改進和提高技術水準，使企業有強大的發展後勁。同時要加強企業內部管理，節能降耗、降低成本，增

強競爭力。另外，要與當地有關部門搞好協作關係，保證交通運輸、供電的正常運行，將上述風險發生的可能性降低到最低程度。

9.6. 風險移轉

　　在項目的建設和運營中將向保險公司投保，將專案的部分風險損失轉移給保險公司承擔。另外，在購買設備中可能存在的風險，可以採用非保險轉移的方式，即在簽訂合同時將部分風險損失轉移給合同方承擔。

第十章、財務計畫與報表

10.1. 資產負債表（含 20、21、及 10 年的預測）

10.2. 利潤表（含 20、21、及 10 年的預測）

10.3. 現金流量表（含 20、21、及 10 年的預測）

八、○○○醫院 - 商業計畫書

○○○醫院 - 商業計畫書
目　錄

第一章　項目摘要	**188**
1.1　項目簡述	**188**
1.2　承辦單位概況	**189**
1.3　醫院願景	**192**
1.4　專案初步融資方案	**199**
第二章　////// 醫院的建設內容	**200**
2.1　////// 醫院的項目總述	**200**
2.2　////// 醫院建設項目一覽表	**202**
2.3　/// 醫院的科室設置	**203**
2.4　主要經濟技術指標	**205**
2.5　人力資源規劃	**206**
2.6　醫療設備規劃	**206**
2.7　醫院資訊系統	**209**
第三章　運營管理計劃	**215**
3.1　經營管理理念	**215**
3.2　二十一世紀醫療服務趨勢	**218**
3.3　醫院經營策略	**218**

第四章　醫院主要診療項目　　　　　　　　　　**222**
　　4.1　傳統診療項目　　　　　　　　　　　　**222**
　　4.2　健康檢查項目　　　　　　　　　　　　**224**
第五章　市場需求及機會分析　　　　　　　　　**226**
　　5.1　醫療市場總體概況　　　　　　　　　　**226**
　　5.2　//區醫療服務概況　　　　　　　　　　**227**
　　5.3　//區醫療需求概算　　　　　　　　　　**227**
　　5.4　市場定位　　　　　　　　　　　　　　**228**
第六章　主要競爭對手分析　　　　　　　　　　**228**
　　6.1　重點競爭對手資訊分析　　　　　　　　**229**
第七章　管理體制及組織架構圖　　　　　　　　**231**
　　7.1　醫院管理模式　　　　　　　　　　　　**231**
　　7.2　服務模式　　　　　　　　　　　　　　**232**
　　7.3　經營模式　　　　　　　　　　　　　　**232**
　　7.4　醫療服務價格體系　　　　　　　　　　**232**
　　7.5　商業模式　　　　　　　　　　　　　　**232**
　　7.6　醫療技術　　　　　　　　　　　　　　**232**
　　7.7　醫院內部薪酬體系　　　　　　　　　　**232**
　　7.8　市場行銷　　　　　　　　　　　　　　**232**
第八章　醫院內部薪酬體系　　　　　　　　　　**233**
　　8.1　目的　　　　　　　　　　　　　　　　**233**
　　8.2　制定薪籌體系的團隊職責　　　　　　　**233**

8.3	薪籌體系的構成	**233**
第九章	**投資估算及資金使用計畫**	**234**
9.1	投資估算依據和說明	**234**
9.2	投資估算	**235**
9.3	土建及安裝成本估算	**235**
9.4	資金使用計畫	**242**
9.5	資金籌措及退出	**242**
第十章	**財務分析**	**242**
10.1	分析依據	**242**
10.2	收入估算	**243**
10.3	成本費用估算	**249**
10.4	損益分析	**249**
第十一章	**SWOT 分析**	**249**
11.1	優勢	**249**
11.2	劣勢	**249**
11.3	機會	**249**
第十二章	**風險分析及規避**	**250**
12.1	政策風險	**250**
12.2	市場風險	**250**
12.3	競爭風險	**250**
12.4	管理及醫療糾紛風險	**250**
12.5	技術、人才風險	**250**

第十三章 附件	**250**
附件一 康復中心	**250**
附件二 中國醫療市場分析	**282**
附件三 醫療機構的能源消耗概算及勞動衛生安全保障	**298**
附件四 相關審批文件	**308**

第一章 項目摘要

1.1 項目簡述

名稱	///// 醫院
預計註冊日期	20// 年 6 月
註冊地址	// 市
/// 總投資	// 億元人民幣
/// 性質	非營利性 ///
地理位置	// 市 // 區 // 公路與 // 交口處
籌備和建設	// 醫藥投資有限公司

////// 是 // 醫藥投資有限公司在市各級政府機構大力支持下，看准市場並結合自身優勢，本著爲民眾提供一流的、人性化的醫療和保健服務的建院宗旨，決定全力打造的一個全新、有特色、具備國際理念的集醫療、教學、科研爲一體的三級甲等地市級綜合性醫療保健服務機構，/// 規劃總床位數爲 650 張，其中一期建設 500 床。該院位於市 // 區 // 公路與 // 交口處，爲市第一所民辦非營利性大型綜合 ///，總投資額約 5 億元人民幣，擬於 20// 年 6 月建成並投入運營。

里程碑	起始日期
"/////醫院"專案啟動	20//.6
成立"////醫院"籌備處	20//.8
"/////醫院"項目立項	20//.6
"////醫院"項目獲發改委批復	20//.8
基建工作開始	20//.10
醫院正式開業	20//.6

1.2 承辦單位概況

///// 醫院由 // 醫藥投資有限公司（// 醫藥集團）投資承辦。

1、承辦單位簡述

// 醫藥投資有限公司成立於 20// 年 8 月，旗下擁有一家新藥開發公司、兩家藥品 GMP 生產企業，三家醫藥商業公司和一家綜合醫院（籌建中的 ///// 醫院），是集藥品開發、生產、銷售和醫療服務於一體，建有完整健康產業鏈的現代化醫藥企業集團公司，產品涉及抗腫瘤藥物、心腦血管藥物、糖尿病藥物、消化系統藥物和抗感染類藥物等幾大領域。

// 醫藥集團秉承"關愛人類健康、提高生命品質"的企業理念，堅持技術創新和管理創新，成為一個高技術、高成長性、高效益，極富市場競爭力和員工吸引力的醫藥企業。

// 醫藥集團下屬企業介紹：

1) /// 藥業有限公司

/// 藥業是 // 醫藥集團的新藥研發中心，註冊資金 /,//0 萬元人民幣，擁有先進的藥物製劑、藥物分析等儀器設備，開展化學合成、中藥提取、製劑工藝研究、品質研究和分析等新藥開發工作。

/// 藥業已成功開發出近 10 種國家新藥，其中注射用來昔決南釤是具有自主智慧財產權的國家創新藥物（已獲得 / 國和 // 發明專利授權），並被列入市重點科技攻關項目。

2) // 生物製藥有限公司

// 生物製藥有限公司是以生產新型抗腫瘤藥物、糖尿病治療藥物、抗感染藥物、生化藥物為主的現代化高科技製藥企業，市高新技術企業，註冊資金 5,000 萬元人民幣。公司位於寶坻經濟開發區九園工業園，占地面積 146 畝，一期工程建築面積 10,000 平方米，二期工程預留地將建設中藥提取、中藥製劑車間。

// 生物已於 20// 年 9 月一次性通過國家 GMP 認證，可以生產凍乾粉針、小容量注射液、片劑、膠囊等劑型。凍乾粉針、注射液、口服固體製劑生產線採用國內先進設備，質檢中心配備進口檢測儀器。

3) // 藥業有限公司

// 藥業有限公司是專業生產心腦血管系統用藥、消化系統用藥的現代化高科技製藥企業，註冊資金 1.// 億元人民幣。公司位於寶坻經濟開發區，占地面積 50 畝，建築面積 8,000 平方米。

// 藥業現有軟膠丸車間、固體製劑車間（片劑、顆粒劑、硬膠囊劑）和原料藥車間於 2003 年 7 月一次性通過國家 GMP 認證。全自動生產設備、先進的質檢儀器和嚴格的藥品生產品質管制規範，能有效地保證產品品質。

4) //// 藥業有限公司

//// 藥業有限公司是專業從事藥品、醫療器械、保健品行銷的商業公司，國家 GSP 認證企業，銷售網路遍及全國 21 個省市。公司彙集了一批高素質的行銷管理人才，擁有一支專業化的銷售團隊。

2、**管理及核心經營團隊**

公司的高管團隊由一批具有國際背景、高學歷、專業化、經驗豐富的優秀人才組成。

- /// 先生 美國約翰霍普金斯大學醫學博士學位

  先後任職於 /// 醫學院生理學系助教；/// 醫學院航太醫學研究所副教授；三軍總 ////// 部總醫師、主治醫師；/// 醫學院航太醫學研究所所長；三軍總 ////// 部主治醫師。

- /// 先生 高級顧問

  現就職于長庚大學醫學院、長庚紀念 /// 首席執行官
  曾就職于長庚大學醫學院、長庚紀念 ////// 兼 /// 科主任；長庚大學醫學院、管理學院副教授，長庚 /// 決策委員會主委特助、總管理處 ///；明基電通集團大陸醫療事業顧問；/////、///// 籌備與建院、並擔任生技事業顧問；寶成集團大陸醫療事業顧問；寶成集團 // 教育基金會董事。

- // 先生 // 醫藥集團董事長兼總經理、/// 業總經理兼首席科學家。畢業于美國密蘇裡大學；在國外期間，賈偉博士作為技術發明人和項目負責人成功開發了多種新藥，如用 Re-186 人血清蛋白（HSA）微球體治療類風濕性關節炎；治療前列腺癌和腦腫瘤的無載體 Cs-131 籽源；成功製備無載體的 P-33，用於包括環型 DNA 測序，單鏈構型和原位雜交等血液、遺傳和生化研究。先後獲得用無機 Szilard Chalmers 法富集 Re-186 用於肝癌放免治療和一種治療關節炎和轉移性骨癌新藥等

兩項美國專利，專利號分別為 5862193 和 5902825。先後作為密蘇裡大學原子能研究所放射藥物生產部主管和美國 BEST 國際醫學公司技術和商業發展部部門主管成功運作與美國 DuPont（杜邦醫藥）、Johnson & Johnson（強生）、加拿大 MDS 等公司的商業合作；回國後，創立 /// 藥業公司並主持公司所有新藥研發工作，同時擔任 // 大學藥學院教授、副院長。迄今在國內外學術期刊發表論文 46 篇，獲專利 18 項。

- /// 先生 // 醫藥投資有限公司董事長
  曾在金融系統從事投資、融資管理工作多年；1993 年起在 // 寰島（集團）公司從事企業管理工作，任企業發展中心主任；2001 年 12 月起出任 // 寰島（集團）公司總裁助理。

- 醫院專家顧問委員會：
  公司從 /// 籌建期開始就成立了 /// 專家顧問委員會，聘請了十餘位津、京、冀地區在醫療界享有很高聲譽的包括內、外、婦、兒等各學科的知名專家，為 /// 的建設規劃和經營管理提供意見和建議。

1.3 醫院願景

///// 醫院本著為民眾提供一流的、人性化的醫療和保健服務的建院宗旨，全力打造的一個全新、有特色、具備國際理念的集醫療、教學、科研為一體的三級甲等地市級綜合性醫療保健服務機構。

"德高術精，惠澤蒼生"是本院開創的一貫目標，除了不斷引進、研究最新醫療技術，提升醫療水準之外，更不遺餘力地追求經營管理合理化，建立合理化的管理制度，聘請國內外品學兼優的優秀醫療人員，教育訓練各類醫護技術人員，為病患提供最妥善的醫療服務，決不會有一刻鬆懈。問題不論大小必定深刻檢討，追求合理化，要求改善到最完善的醫療堅定態度，深植每一員工心底。長期堅持理念，實事求是、精益求精，才能夠培育了強韌的經營體質。我院對未來的展望如下：

● **確立醫院的基本精神**

很多人對於機構醫院的經營，存有十分偏差的錯覺，以為應當以"不贏利"（non-profit）為經營準則，卻未能深一層去研究，/// 經營的宗旨，在求法人機構的永續經營，將其所有資源全部投注在濟世救人的事業上。因此醫院必須有良好的經營能力，機構才能得以永續生存，繼續發展。若是 /// 的經營長期沒有盈餘，則必須仰賴外界的捐贈來支撐，不然長期消耗其創始基金，勢必會使其組織瓦解無法繼續存在，設立機構的目的也將隨之而消失無蹤。

我們十分清楚醫院必須能自立生存，才能長期為病患服務；醫院必須有適當盈餘，方有更新設備與推動研究發展的能力，這是天經地義的，極為淺顯的道理。因此，主張醫院的經營不以贏利為目的，但應該透過有效的經營管理，獲取合理的盈餘，並且善用此資源，從事研究、教學與服務的工作，以促使醫療進步，提升醫療品質，同時還要更新設備，改善服務的方法。擴充服務規模，為更多病患提供最佳的服務。如此，醫療機構永續服務社會的目標，方得以完全實現。

● **力爭廢除住院保證金制度**

國有公立醫院都要先向重症病患收取一筆為數可觀的住院保證金之後，才願意予以醫療。這種以 /// 收入為最優先考慮，卻將病患救治擺兩旁的陋習，對於一時湊不出保證金的病患，造成枉送性命或釀成終身殘疾者。/// 應以救人為第一優先；我們考慮取消保證金制度，抵制公立 /// 的冷、硬、橫、黑的一貫做派，凡急症、重症病患到本院求醫者，皆可順利獲得醫療照顧，不必為籌措保證金煩惱，這樣的改變對於經濟較不寬裕的病患，無疑是一大福音。此種醜陋的就醫門檻破除，可以多挽救許多寶貴的生命。

● 改善藥師工作提升專業水準

藥師受過完整的藥學教育與藥事訓練，但在 /// 裡，他們的角色往往停留在配藥、發藥的層次，專業能力未能充分發揮。本院為避免藥師在配藥時因專業直覺反應而誤取藥品，於是針對每一項藥品設定一個固定的料位號，藥師憑料位號取藥經核對後，交給發藥櫃檯的藥師再度核對處方併發藥，工作方式經此改變，給藥更正確，藥事服務品質進一步提高。我們擬設立病房單一劑量藥房，同時開始培訓臨床藥師，藥師正式直接加入臨床醫療團隊，服務住院病人。近年來由於電腦自動化科技設備進步，我們大量採用自動包藥機，將口服片劑藥品的配藥交由機器處理，因此有更多的藥師得以提升其藥事專業層次，從事臨床藥學研究以及臨床藥事服務的工作，病人照顧品質與用藥安全獲得更大的保障。

● 建立專科經營助理制度

由於醫學的發展突飛猛進，醫生必須全力投注在醫療專業領域，才能不斷精進、突破，然而科室主任仍需負責處理全科行政管理事務。為使專科能有效經營管理，科主任又不必為此花費太多時間，故經縝密設計了專科經營助理制度，由行政人員分擔醫務專科的行政事務工作，舉凡保險制度、支付標準、經營分析、績效、人事、物料管理、空間運用規劃、新儀器與新技術的發展等，均由行政人員協助分析，提供專科醫生做決策的參考，達到專業既分工又合作的境界。

● 建立分科經營制度

鑒於醫生是最瞭解其本科專業的人，也是最清楚如何促進該科成長與發展的人，所以設計分科經營制度，在醫生能掌握的業務範圍內，賦予經營的責任並尊重其專業，同時授予經營所必需擁有的權利，醫生需承擔責任並分享經營成果；再經由績效衡量來探討瞭解其經營成果，並透過回饋系統改正缺點，提高經營績效，將有限的資源作最有效的使用。至於不在醫生控制範圍的業務，則仍由 /// 行政部門管理。

● 建立醫務專科細分科制度

由於醫學科技發展神速，醫療專業分工日益精細化。隨著本院規模的不斷擴大，各科醫生的人數也不斷增多，單純的分科制度已無法滿足實際發展需要，為了要讓部分專科的發展更臻完整，醫療服務更進步、更專精，另外也為了避免由於科主任對某些專業項目特別偏好，而影響該科的正常發展，所以將一個醫療專科再區分為一、二科，再兼具共通特性的情況下，讓一科、二科各自發揮其醫療特長，追求醫療均衡進步發展。

● 應用 DRGs 制度

醫療保健支出快速成長，將會成為國家財政沉重的負擔，是各個發達國家十分注意的問題。採用論量計酬（Fee-For-Service）的方式支付醫療費用，容易過度使用醫療資源，無法控制醫療費用成長，舉世皆然；於是採用前瞻性支付制度

（Prospective Payment System 如 DRGs）給付醫療費用，運用合理的支付制度，迫使 /// 提升經營效率，並督促醫生使用最有效的方法治療病人，以減緩醫療費用上漲率，便成為無法抵擋的時代趨勢。

● 設立專科護理師制度

在醫療團隊的成員中，護理人員是與病患接觸最多、關係最密切的人。在醫生人力供應吃緊的現況下，醫、護之間的聯繫力，出現逐漸弱化的現象，如不盡速改善，將會影響醫療業務的執行，為彌補醫護之間即將出現的縫隙，我們設立專科護理師制度，甄選學、經歷俱佳的優秀護理人員，施以專業教育與訓練，考核合格後分派各專科病房服務，使醫療團隊的陣容更加堅強，病患獲得更妥善的照顧。

● 急診專科主治醫生制度

急診部門收治的多半是情況緊急的患者，這裡可說是全院醫療業務最吃緊的地方，也是各級醫護人員最不願意前往任職的單位之一，因此一般 /// 多輪派年輕醫生到急診從事一線急救的任務，就實際醫療業務的需要而言，急診處比其他任何單位都需要經驗豐富且有能力處理緊急傷病的醫生，本院深刻理解這一實際需求。

● 創設病房單一劑量藥房

在一般 /// 裡，住院病患的藥品往往是一次就開給三到七天藥量的處方，由藥師調配好送到藥房，護士再按用藥時間分次發給病患服用。如此一次配發多天藥量的做法，藥劑人員配藥的時間可以較為節省，但是在藥物隨時都須隨患者病情變化而變更或取消的病房裡，遇到藥品處方變動時，若不是藥品包裝完好的退回藥房，就是全數丟棄，形成可觀的浪費。本院擬對住院病患用藥實施單一劑量制度，藥品處方全部輸入電腦，每天由電腦列印病患一天藥量處方，藥劑人員配妥藥品送交病房，採用此種做法以後，退藥和廢棄藥品數量大幅減少，藥劑工作人員雖有增加，但是經由此制度的改變，藥劑人員對病患的用藥情況有更清楚的認識，藥事服務水準更加提升，病患的用藥安全獲得更具體的保障。

● **建立機構化的長期照護系統**

我國 65 歲以上人口，占總人口比率已超過 10％，成為聯合國標準下的老齡化人口社會，老人的安養照護是當前重要的社會問題，可是至今政府尚未有具體的處理措施。依據衛生部門統計，全國約有 3,250 萬老年人需要醫療機構照顧，但合法立案的照護機構僅有 149 萬床，不滿需要量之 5％，他們絕大部分留在家庭或老人院裡，接受非專業的照顧。因此社會急需建立完整的照護體系，來照顧眾多的老、病、殘者。然而有部分理想主義者，主張廣設社區化的小型照護機構，事實上這樣根本無法及時滿足眼前大量的需求。所以本院籌設大規模的長期照護系統，就是很務實的根據環境需要量來規劃，要以平價提供良好的慢性照護，為社會解決一部分老人與殘疾者的照護問題。

● **推動器官捐贈運動**

國內每年因疾病或意外事故而傷亡人數不少，但他們身上可用於救人活命的器官組織卻隨死者歸於塵土，而等待眼角膜移植以重見光明者，等待腎臟、肝臟、心臟、骨骼或皮膚移植以延續生命或增進健康者，則仍熱在望穿秋水中忍受病痛折磨，甚至隕命。基於對生命的關愛，本院將挺身大聲疾呼，宣導器官捐贈風氣，啓發社會發揮遺愛人間的情操。

　　本院訂立辦法凡捐贈器官供移植救人者，除了醫療費用給予大幅減免外，另外發給一筆喪葬補助費，並由社會服務人員提供一切必要的協助，以示對捐贈人及其家屬之尊崇與敬意。同時透過與宗教界人士座談，公開宣示捐贈器官是最高尚的愛心，最圓滿的功德，希望經由宗教的影響力改變人心，消除捐贈器官的心裡障礙。並在 /// 內部樹立："遺愛人間"紀念牌，以供紀念與憑弔。另外每年 /// 爲追悼捐贈器官、遺體者之英靈所舉辦慰靈儀式，並向捐贈者家屬致敬致謝。

● **其他**

　　爲協助病患解決經濟上以及心理上的問題，成立社會服務處，設置"社會服務基金"協助困難病患就醫並協助病患處理各類疑難問題。

　　對於特殊傷病之義診，諸如：燙傷兒童義診、唇顎裂義診、敬老義診等，都將不定期舉行。

　　本院十分關懷醫院所在地區臨近居民的健康維護，準備對院區臨近鄉里社區居民實施免費門診，使醫院成爲廣受大家歡迎的好鄰居。

　　殘疾人士在社會上往往是處於較弱勢的一群，也是屬於比較需要協助或照顧的一群，本院基於愛心，特準備聘請身體殘疾之畫家爲本院員工，他們不必來醫院上班，只要每月繳交三幅畫作，本院懸於各公共區域或病房區，美化了醫院環境；同時本院還爲畫家們舉辦畫展，義賣作品，以增加他們的收入。

● 未來

展望未來，本院秉持勇於創新的精神，繼續在創新的道路上，不斷的超越，不停的成長，堅持理想，服務社會，增進全民的健康福祉。

1.4 專案初步融資方案

項目總投資 50,928 萬元，資金籌措方案如下：

1、全部股權投資

1）全部由 // 醫藥投資有限公司股權投資；
2）引進戰略投資者，與 // 醫藥投資有限公司共同股權投資；

2、股權＋債權

1）股權部分

　a、全部由 // 醫藥投資有限公司出資；
　b、引進戰略投資者，與 // 醫藥投資有限公司共同投資；
　c、股權設置比例：由專案發起人與投資人共同磋商。

2）債權部分

銀行貸款、國外政府貸款或其他性質的債權；
資金來源：70% 的資金依靠外部投資或銀行貸款，30% 為公司自籌。其中債權部分分別有占總投資的 30%、60%、70% 等多種方案。

目前，// 醫藥投資有限公司為 ////// 醫院項目籌備的自有資金已經到位 5,000 萬元，並與銀行已經初步達成貸款意向。本項目投入資金大，其回報雖然穩定，但週期較長，若採取較大比例的債權融資，則還貸壓力較大，特別對 /// 經營的初期來說，難以產生足夠的現金流量來滿足銀行還貸的要求，因此，我們希望引進 1～2 位戰略投資者，實行參股，盡可能降低債權融資的比例，優化專案的資本結構，規避資金風險。

投資人角色：投資人有權以參股股東的角色參與項目的經營管理，也可以僅以戰略投資人的形式出現。

投資回報率：年回報率與投資回收期等效益分析詳見後文的 /// 經營預測。

第二章 ////// 醫院的建設內容

2.1 //// 醫院的項目總述

規劃土地 164 畝，總建築總控制規模 81,997 平方米左右，其中地上 76,981 平方米，地下 5,016 平方米，一期建築規模 61,068 平方米左右。醫院建成後將成為以創傷骨科、心腦血管、腫瘤、心身、微創手術等為重點學科，並且包括高端醫療保健（康復體檢、抗衰老中心及涉外醫療）為主的三級綜合醫院。

針對 ///// 醫院的功能檔次定位，結合周邊的環境條件，參照《綜合 /// 建設標準》（零四標準）送審稿，//// 醫院的床均建築面積控制在 126 平方米，床均占地面積控制在 168 平方米，床均占地面積指標和床均建築面積指標適度超前，有助於實現生態綠色花園式醫院的建設。

1、醫院宗旨

醫療品牌：打造華北地區乃至國內一流醫院品牌；
開放性：以全面開放的姿態展現在世人面前；

國際標準：按照國際標準設計，採用先進醫療服務模式和管理體制，應用最新醫療技術成果，吸引和培養優秀技術、管理人才；

　　以人為本：使醫療功能組織與空間構成更加科學、人性化，能夠順應人的生理及心理需求，具有舒適性、居住性、安全性、可識別性、便捷性的特點。

2、專案背景

　　// 區各醫院綜合類疾病門診規模理論值為 78.53 萬人次/年；住院規模的理論值為 1.76 萬人次/年。目前，// 地區的衛生資源配置明顯地不能滿足當地人民群眾提高健康水準的需求，全區千人病床佔有量嚴重偏低，醫院的就醫環境和基礎設施還不夠完善，特別是缺乏具有一定規模和較高技術水準的醫院，醫療市場外流嚴重。

　　// 醫藥投資有限公司看准市場結合自身優勢，選址 //，牽手政府，決定全力打造一個全新、有特色、具備國際理念，集醫療、教學、科研為一體的三級甲等地市級綜合性醫療保健服務機構。

3、項目建設的必要性

　　近年來，隨著衛生事業的發展，我國人民的健康水準不斷提高，人口期望壽命、嬰兒死亡率、孕產婦死亡率等主要健康指標已處於發展 // 家的前列，城鄉居民的健康狀況明顯改善，衛生事業對整個社會經濟發展的保障和促進作用進一步增強。

　　市 // 區 20// 年全區內實現總產值 141 億元人民幣，三級財政收入 18 億元，農民人均純收入達 6,328 元，綜合實力上了新臺階，跨入了全市先進行列；在 20// 年協定利用外資 1.56 億美元、實際利用外資 8,100 萬美元的基礎上，開發區一期引資累計 90 多億元，具備了加速發展的基礎功能和環境條件；形成了產業發展的大格局和經濟大發展的態勢,展現了巨大的發展潛力和美好前景。從整體上看,在當地政府的領導下 // 區已經建立了醫療、預防和衛生保健體系和城鄉三級醫療網路。其中區 ////、區中 /// 都具有一定的建設基礎和技術裝備,業務水準、社會、經濟效益逐年提高,全區衛生條件明顯改善,為當地社會穩定、經濟發展做出了應有的貢獻。但是當地也有一些醫療機構基礎設施較差、環境不好,不但發展滯後,就連生存都存在困難。同時,同京津市級醫療機構比較,無論是規劃建設、技術水準和經濟效益都存在明顯差距。///// 醫院專案符合市區域衛生規劃的要求,專案建成後,醫院將成為市 // 地區集醫療救治、衛生檢測與評價、健康教育與促進、業務培訓與指導為一體的疾病防治中心,成為全市衛生資源合理配置的重要組成部分,在發揮專科優勢的同時,為 // 地區城鄉居民提供更高品質的綜合醫療服務。

2.2 //// 醫院建設項目一覽表

項目名稱		建築面積 (m²)	內容
綜合樓	急診部	1,500	急診及急救
	門診部	12,000	綜合門診
	住院部	26,000	500 張病床,標準護理單元、手術室、ICU/CCU
	醫技部	9,153	影像、檢驗、病理、藥劑等
發熱門診及傳染科		1,806	包括腸道門診等
後勤輔助用房		6,918	含消毒供應、能源、排汙、太平間、營養室、員工餐廳等
院內生活區		3,691	專家公寓、值班公寓等
一期建築合計		61,068	

高端醫療保健中心	11,688	包括門診及 150 張病床
科教與行政部	9,241	行政、會議、接待、科研、教室
合計	81,997	

2.3 /// 醫院的科室設置

1、臨床科室（22個）

心血管疾病中心	60床	呼吸科	20床
綜合內科	40床	血液、腫瘤中心	60床
普外	20床	骨科與創傷中心	80床
胸外科	20床	婦產科	40床
腦外科	20床	代謝病科	20床
整型外科	20床	監護中心	10床
兒科	20床	口腔、眼、耳鼻喉	20床
中醫科	10床	特需病房	40床
手術室	8間	康復理療科	
皮膚性病科		心理醫學科	
急診搶救中心		血液透析中心	

以上床位數僅為初步規劃，建築設計及應用時可再做局部調整

2、輔助科室

影像中心	檢驗中心
病理科	藥劑科
資訊中心	營養膳食中心
消毒供應中心	功能檢查科
預防保健科	

3、高端醫療保健中心

老年醫學	50 床	老年病的預防、治療、康復、臨終關懷
康復體檢	50 床	體檢及亞健康預警、疾病與損傷康復等
涉外醫療（國際醫療部）	50 床	高端醫療、預防、康復、保健

4、重點學科設置

// 區疾病情況調查結果：

1) 區內發病前 10 位排序

   腦血管病、呼吸系統疾病、心臟病、心肌梗塞、消化系統疾病、腫瘤、傳染病、血液系統病、內分泌和營養代謝系統疾病、肺心病。

2) 區 /// 單病種費用前 10 位排序

   腦梗塞、骨盆骨折、腦挫傷、腦幹傷、肋骨骨折、十二指腸潰瘍伴出血、腦外傷、蛛網膜下腔出血、股骨骨折、惡性腫瘤。

3) 區內疾病死亡前 8 位排序

   腦血管病、呼吸系統疾病、心臟病、心機梗塞、腫瘤、消化系統疾病、先心病、急性創傷。

   根據 // 區疾病情況調查結果及前面的市場分析，設置如下重點專業：

   a. 骨科與創傷急救：// 是京津的交通樞紐，屬交通繁忙地帶，事故多發，創傷急救應在第一時間完成；

   b. 心血管：高發病率疾病和急症為主的疾病；

   c. 腫瘤與血液：發病率越來越高，人們的重視程度越來越高；

   d. 微創：高技術含量治療多種疾病的方法，醫療產業發展的趨勢；
e. 康復體檢：人們對健康和疾病的認識、對預防疾病的要求日益提高；
f. 涉外醫療：隨著//及大經濟區的發展，市場需求越來越大；
g. 老年醫學：隨著人口老齡化，醫療市場的銀髮商機應該受到重視。

2.4 主要經濟技術指標

主要技術指標：

序號	指標	單位	數量
一	醫療規模		
1	門診量	人次/日	1,500
2	病床	張	500
3	臨床及輔助科室	個	22
其中：	綜合類疾病	個	19
	康復類	個	3
二	建設規模	單位	數量
1	占地面積	平方米	109,334
2	建築面積	平方米	81,997
3	建築容積率		0.75
4	建築密度	%	20.5
5	綠化率	%	40.5
三	能源消耗	單位	數量
1	自來水		
2	電	度/年	8,500,000
3	天然氣	立方米/年	1,700,000
四	職工人數	人	750
	醫技人員	%	75

五	建設週期	月	24
六	總投資	萬元	50,928
其中：	土地和建安	萬元	33,672
	醫療設備	萬元	14,200
	基本預備費	萬元	3,//6
七	/// 總收入	萬元	26,186
八	/// 總支出	萬元	20,014

2.5 人力資源規劃

一期全部投入使用後員工總人數約為 750 人

	衛生技術人員							行政後勤人員		工程技術人員
	醫師	護理	藥劑	檢驗	放射	其他醫技	工勤	行政	
比例(%)	74						3	18		5
	20	40	6	4	4		11	7	
人數	150	300	45	30	30	22	83	55	37

2.6 醫療設備規劃

1、主要設備配置原則

◆ 採用最優化醫療品質的先進設備
◆ 更方便的自動化設備
◆ 安全的有效設備
◆ 更加的環境品質保護功能
◆ 最大邊際效益的財務運用

2、主要設備概述

1) 諮詢化自動化時代潮流不可或缺的電腦設備
2) 舒適、安全的病床設備
3) 施行各種艱難手術的手術設備
4) 各項精密檢查設備
5) 重要治療設備
6) 環境衛生設備
7) 安全衛生設備
8) 其他設備

醫療氣體系統設備、空調系統設備、洗衣機、洗衣脫水機、高溫烘乾機、大型蒸汽高壓鍋等。

（單位：人民幣萬元）

分　類	金　額	百分比
門診、病房設備	1,880	13.23%
診斷監護設備	1,200	8.45%
檢驗科設備	1,900	13.38%
放射科設備	4,000	28.16%
手術室設備	1,300	9.15%
治療設備	500	3.52%
急診設備	300	2.11%
清洗消毒設備	120	0.84%
物流系統	200	1.40%
專科中心	800	5.63%
其他	2,000	14.//%
合　計	14,200	

設備名稱	型號及數量	單價 RMB（萬元）	總價 RMB（萬元）
超聲診斷設備	4套（心、腹、婦、血管）	200	800
內鏡設備	4套＋工作站（腹.胃.喉.腸）	50	200
電生理設備	動態心電、腦電圖機		100
臨床檢驗儀器	全自動生化分析儀等		1,900
放療設備	加速器系統		2,000
影像診斷設備	MR	850	850
	16排螺旋CT	800	800
	DR	300	600
	X線機	100	300
	數字減影機	800	800
	數字胃腸機	150	150
麻醉設備	麻醉機（六台）	20	120
	麻醉氣體監護（六台）	60	120
	血液回收機	40	80
ICU	心電監護系統	100	100
	呼吸機	25	250
	除顫器	10	10
專科設備	///、耳鼻喉科、口腔科、婦產科、康復	800	800
資訊設備	HIS、LIS,PACS	1,800	1,800
治療設備類	碎石機、鐳射治療儀	70	70
手術室設備	床、燈、塔（八套）	800	800
物流系統		200	200
其他			2,000
合　計			14,200

2.7 醫院資訊系統

（一）、醫院資訊系統的實施目標

在 //// 醫院的建設方面，定位在國內先進水準；所以在 /// 資訊系統建設方面，也同時要具備上述觀念：技術的先進性、安全性，為 ///// 醫院提供一個安全可靠的、擴充性強的、技術全面的、領先的 HIS 系統，將來醫院在 // 的整體開發，提供一個安全可靠的基礎；同時，在收支和提供社會保障方面考慮，又同時具備經濟合理性的要求，以物有所值的原則，實現 /// 在資訊技術方面的整體規劃方案。

（二）、醫院資訊系統組成

一個完整的醫院資訊系統應該包括 /// 執行資訊系統與臨床資訊系統。醫院執行資訊系統的主要目標是支援醫院的行政管理與交易處理業務，減輕交易處理人員的勞動強度，輔助醫院管理，輔助醫院高層領導決策，提高醫院的工作效率，從而使 /// 醫院能夠以少的投入獲得更好的社會效益與經濟效益。醫院執行資訊系統可以細分為經濟管理部分與綜合管理部分。

臨床資訊系統的主要目標是支援醫院醫護人員的臨床活動，收集和處理病人的臨床醫療資訊，豐富和積累臨床醫學知識，並提供臨床諮詢、輔助診療、輔助臨床決策，提高醫護人員的工作效率，為病人提供更多、更快、更好的服務。

而本院將要實施的是一個高度集成化的醫院資訊系統，以 HIS 為核心，靈活集成了 CIS、PACS、LIS 等功能模組，具有針對處理醫療保險、遠端醫療、患者網上預約掛號和網上查詢歷史記錄的介面並具有單項、綜合交易處理和輔助決

策功能的先進的 /// 資訊系統。系統各部分簡述如下：

HIS 軟體清單明細

子系統	模組功能概要
門診業務	掛號、收費、執行科室、門診藥房、藥庫、藥房管理、門急診中心治療室工作站系統、急診科觀察室護士工作站系統、急診科觀察室醫生工作站、觸控式螢幕導診及查詢系統、門急診綜合資訊 LED 多媒體播放系統、門急診醫生工作站系統、分診導診排隊系統、
住院業務	住院收費管理、住院財務、病房護士工作站、住院醫生工作站、住院藥房配發藥管理、麻醉科及手術室管理系統
決策支援系統	綜合查詢
經濟管理系統	物資管理、設備管理
實驗室管理系統	血庫和血製品管理、標本管理、病歷分析、制定列印計畫、通信軟體的實現、資料轉換、資料上傳、接收資料、發送結果
資訊溝通系統平臺	連接醫療保險系統、連接銀行支付系統
系統管理	人員管理、科室管理、科室類型管理、職位管理、費用管理、費用類型、費用審批、許可權設置

LIS 系統

子系統	模組功能概要
標本管理	條碼管理、樣本管理
儀器管理	支援多種檢驗儀器連接、儀器資料查詢、醫囑資訊獲取
品質控制	試劑儀器控制

檢驗結果管理	直接發送至醫生站、傳真機、互聯網、印表機、支援 EDI 標準
血庫管理	支援從各血站血袋條碼自動入庫。從病區、手術室接收用血成份類型申請。管理配血、儲血、血源等記錄及其它各種記錄表格。記錄取血者、輸血者、輸血反應及病人用血情況資訊，產生費用記帳資訊。

PACS 醫學影像系統

子系統	模組功能概要
RIS 管理	病人註冊登記、請求輸入與請求處理/工作流和任務清單管理、病人預約、膠片/影像管理、診斷報告生成/查閱、管理報告分析/統計、耗材管理、系統管理
影像採集	基於數位介面的採集、基於視頻界面的採集、膠片掃描
影像管理	存儲和備份、影像處理
膠片列印	遵循 DICOM3.0 中的列印管理服務類、接入雷射印表機
結構化影像診斷報告	提供診斷報告用語詞典庫，預置了常用的影像診斷報告術語和診斷報告預覽功能
影像共用和會診	提供遠端會診

人力資源管理系統

子系統	模組功能概要
日常運作	人事資料管理、薪資獎金計算、社會保險作業、行事曆與排班、差勤請假管理、組織部門建立、員工獎懲管理、召募任用管理、績效考核作業、用餐管理
決策管理	職能管理、教育訓練、傳簽作業、預算管理、分析決策、營運指標、警示管理
組織策略	員工關係管理、組織能力、職能管理、線上學習系統、線上招募系統、商業智慧系統

醫院網站

子系統	模組功能概要
醫院介紹系統	醫院的基本情況介紹、醫院企業文化、醫院榮譽、醫院機構組成
業務介紹系統	醫療服務專案介紹、服務網路、病例展示、醫療組合方案、新醫技展示台、治療品質保證
醫患交流系統	資訊發佈、意見回饋、常見問題解答、技術論文、聯繫我們

OA 辦公自動化系統

子系統	模組功能概要
個人辦公	電子郵件、排程、通訊錄、檔管理、共用單位郵箱、出差聲明、委託代理
公文管理	收發文、檔批示、催辦、監視流轉、檔查詢、報表列印、檔歸檔
業務流	務種申請、業務流轉、電子簽字、檔查詢
資源管理	會議室管理、辦公用品管理、車輛管理、圖書管理
公共資訊	各類公告、內容資訊、規章制度資訊、各部門資訊公佈、常用電話號碼、國際電話區碼、列車時刻表、航班時刻表
檔案管理	各類檔案管理、分類查詢、全文檢索、列印、借閱管理
討論園地	務類專題討論、意見箱、稿件徵集

資料倉庫

子系統	模組功能概要
系統管理平臺	基礎模組、Speed ETL、OLAP、ANALYZER、LISTING、DATA TYPE、SCORECARD、VISUALIZRE、PRESENTER
綜合分析、管理	院長查詢、護理管理、門辦管理、醫教管理、病案管理

知識管理系統

子系統	模組功能概要
資訊發佈平臺	公司要情、統計快報、業務管理動態、辦事處動態、業務運作消息、重要活動資料等
協作交流平臺	總裁線上、總裁信箱、要情回復、線上交流、部門園地、民主生活會、郵件系統等
知識共用平臺	網上培訓、討論園地、經驗交流、經濟參考、今日資訊、行業分析、法律法規庫等
辦公管理平臺	網路審議、檔管理、會議管理、設備管理、人力資源管理、審批公示、制度公示、年度考核、客戶資訊、通知管理等

另外，按照組織功能分為臨床醫療系統、醫療行政系統、醫療輔助系統三類。醫院一般之 /// 資訊系統功能內容如圖：

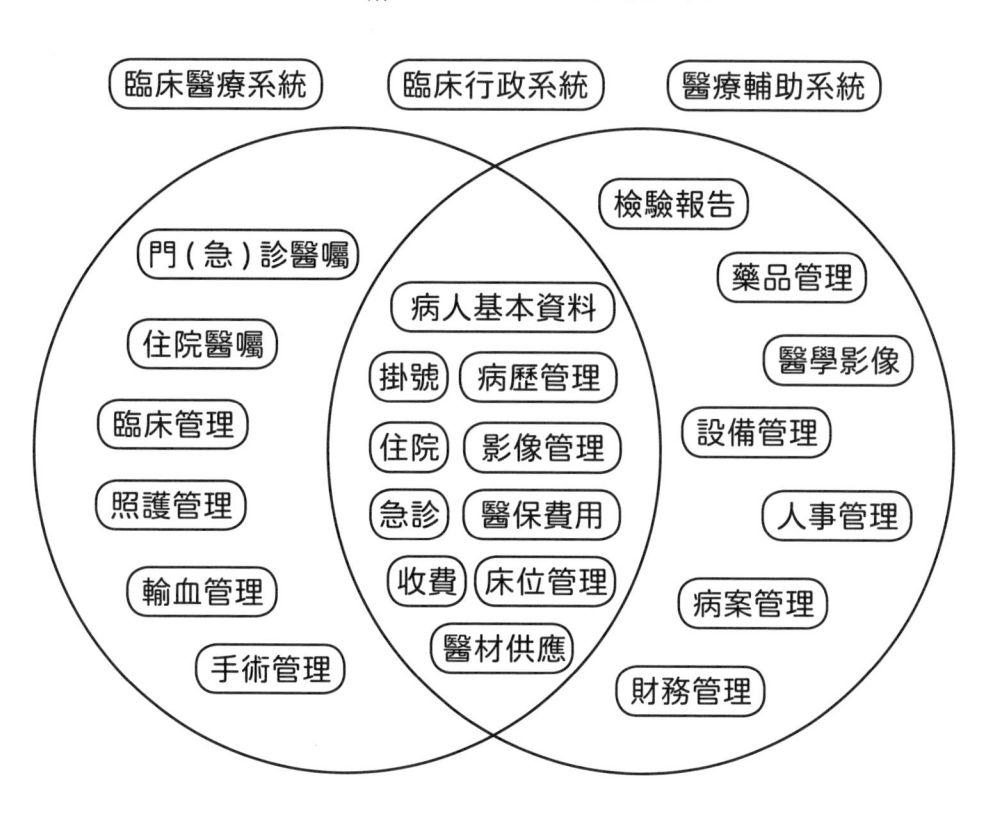

臨床醫療系統：門(急)診醫囑、住院醫囑、臨床管理、照護管理、輸血管理、手術管理

臨床行政系統：病人基本資料、掛號、病歷管理、住院、影像管理、急診、醫保費用、收費、床位管理、醫材供應

醫療輔助系統：檢驗報告、藥品管理、醫學影像、設備管理、人事管理、病案管理、財務管理

(三)、系統特色
1. 自動櫃檯
2. 自動儀器連線
   ● HIS 流程控制
3. 辦公自動化
4. 醫療影像電子化

   醫療影像系統是將類比方式的醫學影像轉化成數位影像資料模式,並以電腦儲存及網路系統傳送來改善影像儲存以及傳輸處理速度,避免了舊式///手工管理、使用照片的諸多問題。而電腦技術的進步進而提供了醫療診斷與儀器輔助的整合機構,凡 X 光機、CT、MR 等影像只要法律許可,均不須沖洗直接存入電腦系統,便於利用網路遠端使用。

5. 電子病歷
6. 關於遠端醫療的概述
7. 醫療專家教學系統

(四)、//// 醫院資訊管理系統軟、硬體一覽表

軟體系統名稱	硬體系統名稱
HIS 診療系統	綜合佈線
LIS 系統	伺服器組
Pacs 醫學影像系統	存放裝置
人力資源管理系統	網路設備
OA 辦公自動化系統	工作站終端設備
電子病歷	應用軟體產品
/// 網站	遠端醫療
資料庫倉庫系統	雜項（LED 大屏、觸控式螢幕等）
知識管理系統	

第三章 運營管理計畫

3.1 經營管理理念

　　爲了能達成 /// 永續的經營之道，最重要的是能夠體現 /// 對於社會的責任。/// 對於社會需肩負起相當的責任，因爲促進人民生活的改善本就是 ////// 作爲一家 /// 建立的重要目的之一。對於國家有利、對於社會有利以及對於人民有利的 /// 才能夠經營長久，這是每一個 ////// 管理者都必須牢記於心的最基本信念，因爲經營者的人格特質與領導風格，是主導一家 /// 生存與發展的契機。

　　經營理念與組織文化是息息相關的，許多百年企業的成功之道就在於建立一種強大的企業文化，發展出一套穩固的價值體系，使企業能夠安然度過瞬息萬變的外在環境的劇烈變化，同時也建立起企業的核心目標，不停的精益求精，以激發組織不斷進步的原動力。

　　經營理念、組織功能以及管理策略是構成企業經營管理哲學的完整體系。企業經營比較強調"業務拓展"，應注意"利潤與風險"；內部管理比較重視"控管機能"，故應注意"安全與效率"。經營方面宜採取"外圓內方"才能圓融推動；管理應注意"外方內圓"才能掌控，二者應謀求平衡，才能相輔相成。

（一）醫療服務業的本質

　　　　醫療機構所提供給顧客或病患的是一種服務，與其它的服務業一樣，同樣包括：
- 機構組織由白領階層主導
- 勞力密集
- 服務的提供是直接與消費者交易的形態
- 生產的幾乎是無形的產品，並且不容易評估其服務品質的優劣未來醫療服務業的努力重點在以"顧客為中心"做考量，提供顧客便捷的服務作業方式和更精緻的服務水準。因此在強化服務策略的方向上，應注意以下幾點：

1、使服務從"無形"變成"有形"，讓"不可見"變成"可見"
2、融合標準化與顧客化要素
3、加強機構員工教育訓練以提高附加價值
4、醫療品質控制
5、影響顧客對品質的期望

（二）非營利機構的經營管理

非營利機構（Non-profit organization）是指機構的目標並不是以營利為目的（not for profit），也就是說機構之所以存在的理由並不是以賺取利潤為主要導向，而是另外有其要達到的社會功能或特定目的，這是與其他營利性機構不一樣的地方。據一般而言，商業機構或公司其創立的理由不外乎是為了賺取利潤，亦是投資股東的權益或長期的收益能夠儘量最大化，得到實際的經濟回報。

醫療服務是以病患為中心的事業，其最重要的目的在於接觸病患生理或心理上的痛苦，挽救其生命，同時醫療服務是一種團隊合作的工作，單靠醫師一人是不能做到完善的，可以說是一種高度專業又高級人力勞力密集的事業。那麼經營非營利性機構的本質與重點包括哪些呢？

1、非營利組織的使命：

使命或任務（Mission）是一個機構的存在的道理和目的，也是一個機構長期努力所要達到的目標、使命，"使命"

是永存的，甚至是負有神聖的任務的。非營利機構的領導者或是身負機構成敗的經營者，首先最重的是為自己所屬的組織定出本身的使命。機構的領導並不在於領袖的魅力，而應該根植於組織的使命，如此才能避免雖身具領袖個人魅力但卻將組織帶往錯誤道路上的領導者出現，可見使命的重要性。

2、追求經營績效：

不要以為非營利機構就不要追求績效的表現，雖然它不像商業機構利用"利潤"與"虧損"這兩項指標來評估機構經營的好壞，但是機構是要追求完成使命目標的，否則就失去了機構存在的意義，因此非營利機構當然要追求績效的表現。非營利機構對自我表現所作的評估除了是否善用資源外，更要緊的是機構是否創造出對於未來的憧憬、標準、價值和奉獻精神，同時還激發出了人類的潛能。所以當一個非營利機構的主管在決策時，其首要任務是先深思熟慮認清該機構應有的績效表現。

3、特別注重管理：

非營利機構之所以興起，無非是要貢獻社會與服務人群，當然就要成就一番事業。其所供應的既不是產品勞務，也不是監控制度，而是徹底經過改變的個人（changed human being），就如醫療機構而言，其所提供的產品並不是診斷、治療、處置、手術或藥品，而應該是治癒的病患，才是其終極產品和目標。由於缺乏傳統底線，因此更需要管理的理念架構和技巧，來制訂具體可行的目標、計畫和策略，以使它造福人群的使命能夠順利達成。

綜合言之，經營理念是以普通的形式表達組織存在的意義及機構使命的一種價值觀，醫療機構的經營者要用自己崇高的經營理念向機構內外傳達"本機構存在的理由、經營的目的以及未來經營的遠景"，以贏得全體同仁的共識。經營管理同時也是賦予員工日常活動的作業準則及行事判斷的指針，同時凝聚全體員工的向心力，塑造優良的機構文化。一家醫療機構的經營理念，將主導該機構所有規章制度的制定原則、機構的活力與努力方向、員工的價值觀等，亦是整體醫療機構的如何服務病患與研究發展的具體表現。

3.2 二十一世紀醫療服務趨勢

（一）醫療需求持續增加
（二）人口老齡化
（三）門診化趨勢（Ambulatory Shift）
（四）管理性醫療（Managed Care）
（五）醫療科技浪潮（Medical Technology Wave）
（六）區域醫療網路（Local Network）
（七）執業準則（Practice Guidelines）
（八）醫療優先順序（Rationing）

3.3 醫院經營策略

近幾年，各國政府的醫療投入都有所增長，公立 /// 和民營 /// 同樣面對著前所未有的複雜而充滿激烈競爭的環境。政府對於醫療衛生事業的管治、國際國內經濟市場的變化、人口特性的變遷、生活方式的變化都給我國並不健全的醫療市場帶來了巨大的衝擊。

當代社會日趨多元化，市場化速度正在加快發展，因此各級醫療機構也必須運用自身優勢，尋找利基市場，才能立於不敗之地。醫療機構的管理者必須未雨綢繆，時時刻刻清楚的知道各種可能發生的事件，重視諮訊的收集與分析，針對尚未有人充分瞭解的變化情況，擬定策略並採取適當行動。

對醫療服務機構而言，最大的挑戰來自於如何認清與應對激烈的改變，包括：

- 醫療機構競爭日趨激烈
- 醫療保險制度政府管治尚嚴
- 醫療體制改革尚未取得明顯成果
- 人口特製改變與高齡化人口的增多，帶給醫療機構許多危機與轉機
- 消費者自我保護和法制意識增強，醫療糾紛事件頻頻發生
- 各級 /// 以高技術大型醫療設備作為醫療服務的競爭硬體，勢必造成醫療機構之間的"軍備競賽"加劇，大大提高資本支出，使得服務成本與日俱增。
- 醫療機構間的合縱連橫、聯盟策略給醫院生存帶來新的手段和選擇。
- 眾多醫療機構進入慢性病、老人安養或生活保健領域謀求新的出路，為 /// 發展開拓了更多的事業機會。
- 醫療行銷行業的發展將日趨重要

機構領導者必須充分考慮以上諸多變化方面，運用適當的策略讓危機變為轉機，使機構立於不敗之地，求得生存。

(一) 醫院營運管理策略

制定有效可行經營策略的三個參考要素：

合理性（reasonable）：包括有客觀觀察，正確認清事實；根據事實作理論性的分析、推論與檢討，同時不管所佔有材料是否充分，都應不斷思考；瞭解問題本質，深入分析問題，並進而徹底解決問題。

創新性（innovative）：決策過程不可安於現狀，應隨時代和環境的變化制定策略，考慮策略的創新性，以應對環境變化保持組織優勢。

周延性（comprehensive）：思考策略必須儘量面面俱到，對於策略實施上上遇到的問題能夠充分思考，是可能發生的問題滅於無形，達到事半功倍的效果。

//// 醫院主要策略：

1、近期策略
- ●組織策略
- ●諮訊化策略
- ●睦鄰策略
- ●經營特色策略

2、長期策略
- ●規模策略

  醫院分兩期，依醫療市場需求逐步擴展。

- ●經營策略

  根據病人病情，安排病人接受適當的醫療服務，自力更生，支援整體醫療計畫區內機構的長期經營。

- ●人力資源培養策略

  通過醫學院和護專培養適當、充足的醫護人員，除提供臨床醫師教學與學生實習的環境，也可以自行保證充足醫護人員供給。

- ●醫療發展策略

  將預防性醫療和老人慢性醫療作為未來發展重點，整合醫療服務體系。

（二）醫院運營模式

開放醫院將醫師轉變為相互支援及教學功能的聯合職業形態，擴大醫師吸收新知、接受在職教育及進修的管道，以提升其醫療服務品質，使患者得到更好的醫療照顧。醫師可以運用院內提供的各種設施，各專科定期舉辦病例討論會，醫療人員相互交流，經常舉辦學術會議分享最新醫藥研究成果。

1、本院規劃設置住院病房、急診、門診中心及主要手術、檢查、電腦設備，配置正常運作的住院醫師、護理、藥事、醫事、醫技等人員，並提供醫療過程中的藥品、醫療材料、器械、布品、水劑、氣體等材料並維護醫院安全及環境衛生等。將全部病床提供給合約醫師使用。

2、合約醫師資格和職權

凡符合中華人民共和國執業醫師法規定資格的醫師，持醫師資格執照，均可以被聘或申請成為本院醫師。

- ●合約醫師權利、合約醫師義務

3、合約醫師酬勞

第四章 醫院主要診療項目

4.1 傳統診療項目

項目	科別	參考病症
內科	普通內科	
	胃腸肝膽科	
	呼吸科	
	血液病淋巴瘤門診腫瘤科	
	腎臟科	
	新陳代謝科	
	心臟內科	
	高血壓門診	
	風濕過敏免疫科及關節炎門診	
	感染科	
外科	普通外科	
	兒童外科	
	胸腔及心臟血管外科	
	腦神經外科	
	整形外科	
	整容門診	
	泌尿科	
	骨科	
	大腸直腸肛門外科	
	急症及外傷外科	
兒科	兒童內科	
	健康門診	

婦產部	婦產科	
	人工生殖門診	
	子宮內膜異位門診	
眼科部	一般眼科	一般眼睛疾病（如視力減退、眼睛紅腫、酸痛、奇癢、流淚不止等）、白內障等。
	視網膜科	飛蚊症、玻璃體出血、///出血、破裂或剝離、///發炎變性等（糖尿病、高血壓、腎臟病等患者應定期看診及早偵測網膜病變）。
	青光眼科	眼壓過高、急性或慢性青光眼、青光眼手術及鐳射治療。
	眼角膜科	角膜炎、角膜外傷、潰瘍、變形或屈光不正等角膜移植。
	眼整形科	淚管阻塞、溢淚、眼瞼內外翻、眼睫毛倒生、眼皮整形、眼瞼眼窩變形矯正、義眼製作。
	斜弱視科	先天性眼疾、新生兒眼疾、幼兒視力發育、學童視覺等檢查、斜視矯正、弱視訓練矯正。
	眼屈光科	眼屈光異常及有關視力障礙的矯治、配鏡、手術等。
	眼神經科	視神經炎、複視、眼窩腫瘤、眼球突出、不明原因視力減退、瞳孔異常等。
	眼發炎科	眼睛紅腫疼痛、視力模糊、看見陰影等眼發炎症、葡萄膜炎、玻璃體炎。
牙科部	普通牙科	
	齒內治療科	
	牙周病科	
	口腔外科	
	牙體複形科（補牙）	
	兒童牙科	
	矯正牙科	
	義齒補綴科（假牙）	

牙科部	老人牙科	
	顳顎關節門診	
	人工植牙門診	
	顱顏牙科	
其他專科	精神科	
	兒童心智科	
	兒童青少年精神門診	
	腦神經內科	
	皮膚科	
	兒童皮膚科	
	康復科	
	兒童康復科	
	放射腫瘤科	癌症放射治療
	營養諮詢門診	
	職業病門診	
	家庭醫學科	
	疼痛門診	
聯合門診	乳房腫瘤聯合門診	
	骨質疏鬆聯合門診	
中醫部	中醫內科	
	中醫傷科	
	中醫針灸科	

4.2 健康檢查項目

檢查科目	檢查細項
眼科	視力矯正檢查、眼壓測定檢查、眼底鏡檢查、/// 會診等

牙科	牙科會診
耳鼻喉科	耳鼻喉科會診
婦產科	婦產科會診、子宮頸抹片機檢查
胸腔內科	肺功能檢查
心臟內科	靜態心電圖檢查
胃腸肝膽科	胃鏡檢查、肝膽超聲波檢查
直腸科	直腸鏡檢查
X光科	胸部X光檢查、腹部X光檢查
內科	理學檢查及報告會總解說、男性攝護腺及肛診、女性乳房檢查及肛診
通風篩檢	尿酸
糖尿病檢驗	飯前、飯後血糖
血異常規檢查	白血球、白血球分類、紅血球、血紅素、血球溶劑、網狀紅血球平均紅血球溶劑、紅血球沉澱速率
肝功能檢查	白蛋白、總蛋白質、肝臟酵素、直接膽紅素、總膽紅素
腎功能檢查	血中尿素、肝酸酐、Ca、P、Na、K
血脂肪檢驗	三酸肝油脂、總膽固醇、高密度脂蛋白膽固醇
甲狀腺功能檢查	TSH
尿液常規檢查	潛血、尿沉渣、尿蛋白、膽紅素、尿酮體、尿糖、尿白血球、尿酸鹼值
糞便常規檢查	潛血、寄生蟲檢驗
血清免疫檢查	RPR、ABO血型、RH血型、乙型肝炎表面抗原、丙型肝炎表面抗體

第五章 市場需求及機會分析

5.1 醫療市場總體概況

根據市統計局發佈的資料顯示：20// 年，全市衛生機構 2,577 個，其中醫院、衛生院 489 所（二級以上醫院 106 個，婦幼保健院 11 個，專科防治院 4 個，城市街道醫院、衛生院 84 個，鄉鎮衛生院 189 個，社會辦醫 95 個）。全市實有床位 4.1 萬張，醫院、衛生院、社會辦醫醫院實際擺放床位 4.0 萬張，其中二級以上 ///3.1 萬張。20// 年全市平均每千人口醫院和衛生院床位 4.39 張，平均每千人口擁有衛生技術人員 6.47 人，平均每千人口擁有醫生 2.70 人，平均每千人口擁有護士（師）2.09 人。20// 年，全市各類醫療保健機構診療人次 3,186.5 萬人次，其中門急診 3,064.4 萬人次以上，入院人次數 62.3 萬人次。

機構名稱	擁有數量（家）	機構名稱	擁有數量（家）
醫院、衛生院	485	藥品檢驗站、所	3
療養院、所	3	醫學科學研究機構	8
門診部、所	2,//1	高等醫學教育機構	3
專科防治所、站	17	其他衛生事業機構	54
婦幼保健站、所	22	總計	2,671

地區所擁有的衛生人員數量與其它直轄市相比較情況如下表：

地區	衛生人員	衛技人員	
		執業（助理）醫師	註冊護士
	78,112	26,710	19,729
上海	132,859	43,726	37,//0
重慶	96,//7	37,813	20,653
北京	143,915	47,210	38,856

從上面的統計資料分析不難看出，的醫療資源與北京、上海還有相當大的差距。

5.2 // 區醫療服務概況

診療人次 52.7 萬人次，入院人次 2.4 萬人次。

5.3 // 區醫療需求概算

// 區與京津地區醫院主要指標比較　　（單位：萬元）

項目	門診收入	急診收入	住院收入	重症監護	其他收入	總收入
// 區級醫院	666	534	1,147	377	415	3,139
縣級醫院	886	683	1,849	421	1,418	5,257
北京縣級醫院	661	523	883	374	1,296	3,737
市級醫院	2,032	1,609	3,284	1,150	3,415	11,490
北京市級醫院	5,617	4,131	12,371	2,892	16,301	41,312

注：其他費用中包括 /// 培訓收入、救護車收入、不受用途限制的捐贈、對外投資收益以及利息收入等。

從上表可以看出，地區的醫療水準遠落後於北京，而 // 醫療衛生行業與京津兩地比較無論是投資、技術、服務，還是社會、經濟效益方面都顯著落後；

a) // 現有 1.3 的千人床位數明顯低於京津兩市（6.87 與 5.45）、京津縣級水準（3.25 與 1.39）和 2.39 的全國平均水準；

b) 統計區級醫院建築面積 / 每床還不足 63 平方米的全國水準；醫院占地面積和床位淨有建築面積的達成率都只在 50% 左右。

c) 就 // 區級醫院而言，308 人次的日門診量遠遠低於京津縣級醫院日門診業務量（737 與 724），56.3% 的病床使用率低於京津縣級 /// 水準（71.11 與 66.8）。

d) 目前無論是醫院總收入、門診人均費用、日均住院費用還是單病種費用只達全國縣級醫院水準，與京津市、縣級醫院相差甚遠。

5.4 市場定位

根據上述分析，//// 醫院必須以 // 現有醫療體系的精華爲基礎，融合西方現代化的經營、管理理念，建立"以患者爲中心"的嶄新的並符合市場經濟特徵的醫療體制，服務於 // 的醫療市場，立志領跑醫療體制改革的大潮。"////// 醫院"將以國際水準爲起點，服務於環渤海經濟圈醫療市場。

1、在主導市 // 區醫療市場的基本目標基礎上，建立重點學科、發展重點專業技術，並與國內、外相關醫療機構進行技術與服務合作，爭奪、廊坊及香河、霸州等周邊地區醫療市場。

2、以現代化的規劃設置、一流的服務和國際化運作與管理來吸引京、津、冀、魯等地區高端醫療服務人群，並開展涉外醫療和健康管理服務。

3、以項目醫院爲基礎，最大限度的建設社區醫療網路，爲社區提供基本的醫療保障和有一定技術水準的、服務檔次的醫療保健業務。

第六章 主要競爭對手分析

由於 ////// 是一所以骨科與急救創傷、心腦血管疾病和腫瘤及血液爲特色重點專科的三級綜合性 ///。對於 /// 的綜合醫療功能，擬以 // 區內的最大的兩所綜合 /// 爲主要競爭對手進行分析，如 // 區人民 /// 和 // 區中 ///。而三個特色專科建設和發展則以全市的相應各龍頭老大爲目標，分別是 //////、總 ///、腫瘤 /// 以及 /// 和 // 國際心血管病 ///，對此五家 /// 的目標專科進行重點分析。

6.1 重點競爭對手資訊分析

1、// 人民醫院和 // 中醫院基本資訊

項目	// 區人民 ///	// 區中 ///
占地面積	64,600 平方米	28,200 平方米
建築面積	24,492 平方米	14,000 平方米
開放病床	350 張	150 床
/// 級別	綜合性二級甲等 ///	二級甲等中 ///
日門診量	660 人次	565 人次
年出院病人	13,329 人次	7101 人次
平均住院率	8.8 日	7.8 日
病床使用率	83%	106%
手術例數	4,248 例	1,536 例
大型醫療設備	大型 C 型臂、核磁共振、螺旋 CT、數位減影 X 光機、血液透析機、全自動生化分析儀、全景牙片機及乳腺 X 光機	美國 GE 公司的螺旋 CT、熱 CT、惠普彩超、經顱多普勒、血流變儀、心臟平板運動測量儀、心臟 BP 機、多功能胃腸 X 光機、貝克曼 CX7 大型全自動化分析儀
特色科室	腦內、心內、腦外、胸外、泌尿外、婦科及 ICU	風濕病專科、中醫腎病專科、不孕不育專科、乳腺專科、針灸專科、肝病專科
開展術式	腦腫瘤切除、食道癌中斷切除、全膀胱切除回腸代膀胱、門脈高壓斷流術、膽道 oddI 氏擴約肌成形術、脊椎創傷內固定、宮頸環紮保胎治療習慣性流產、腹腔鏡手術。	開顱、開胸，脾、腎切除，肝修補及部分切除，頸、胸、腰椎管手術、股骨頭置換

2、競爭對手優、劣勢分析

1) // 人民醫院

■ 優勢

　　作為一個老牌的二級甲等綜合性 ///，已經能夠開展上述術式，說明醫療技術已經達到一定的水準，且與國內、市內知名 /// 建立了良好協作關係，對於周邊地區患者有很大的吸引力。日門診量雖然沒有達到設計的 1,000 人次，也說明其有相對穩定的患者來源，在目標地區有較高的知名度。而且其醫療設備的配置相對二甲 /// 而言比較高檔，一定程度上能夠提高 /// 的收入。

■ 劣勢

A、病床使用率雖然超過 80%，但平均住院日只有 8.8 日的現實表明，並不是該院的管理水準非常高，而是反映了來院病人中絕大多數還是一些小病、常見病，疑難雜症所占的比例非常低；

B、日門急診量雖然不低，但是比起同級別 ///（靜海縣 ///900 人次，寶坻區人民 ///820 人次，薊縣人民 ///750 人次）還是偏低，刨除人口因素，側面反映了 // 區患者外流情況很嚴重，區人民 /// 作為該區的龍頭 ///，對患者吸引力不是最高的；

C、中央電視臺對該院醫療垃圾和生活垃圾混合處理的報導，反映了該院院內感染控制不力，/// 管理存在比較大的問題。

D、抗生素使用合格率僅達 45%，比 34 所 /// 平均合格率 62% 要低許多，折射出該院的藥品使用存在問題，造成該院在 // 區口碑不佳。

第七章 管理體制及組織架構圖

相對傳統的國有醫院，///// 醫院是全新的大型現代化綜合醫院，將在經營管理體制上努力有所創新。其基本點是結合醫療行業特點，建立現代企業制度，在管理、經營、服務模式上吸收世界先進經驗，創造一個服務一流、技術一流、管理一流、效益良好的新型醫療綜合體。

7.1 醫院管理模式

///// 醫院的管理體制是董事會領導下的總經理（CEO）負責制。

1、董事會的組成

董事長

2、專家顧問委員會：由京津兩地的 /// 管理及臨床醫學專家組成。

3、組織機構設置及架構圖

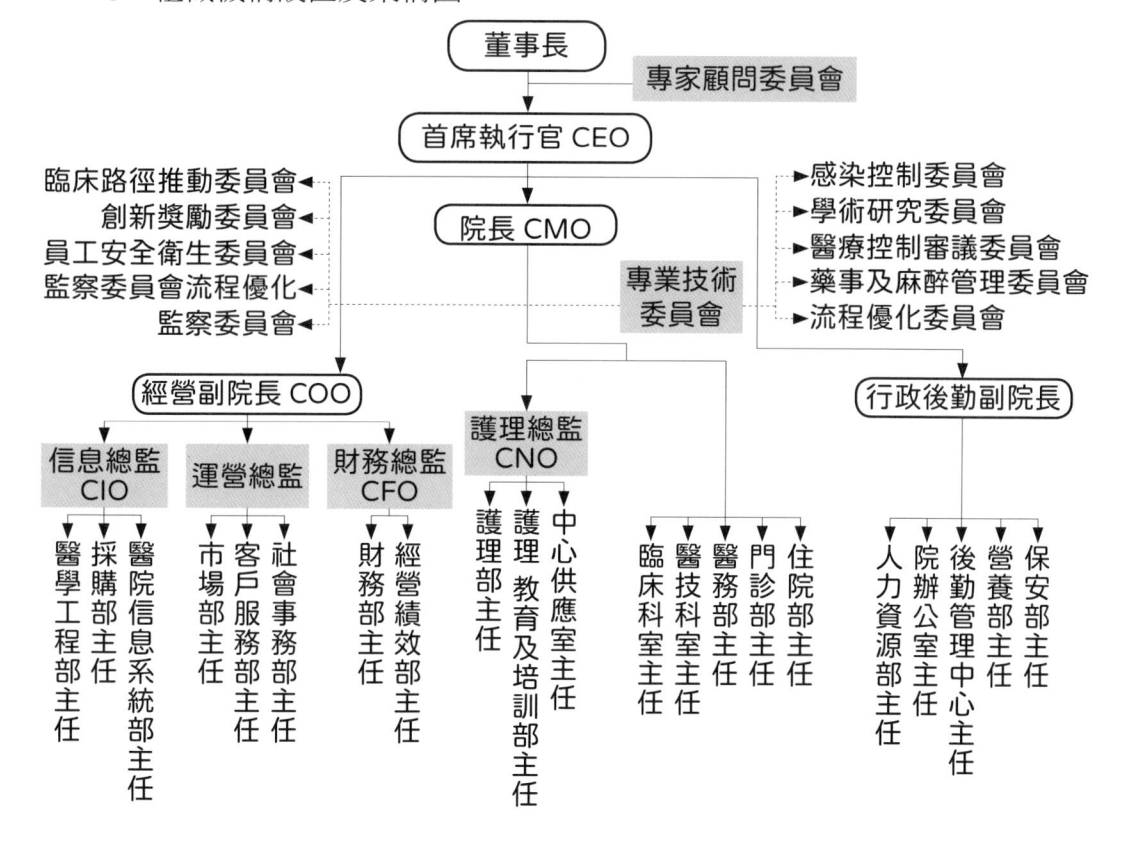

```
                          董事長
                            │
                            ▼
                     ┌──────────────┐
                     │  專家顧問委員會 │
                     └──────────────┘
                            │
                            ▼
                       首席執行官 CEO
                            │
臨床路徑推動委員會 ◀────────┤────────▶ 感染控制委員會
創新獎勵委員會   ◀────────┤────────▶ 學術研究委員會
員工安全衛生委員會 ◀───── 院長 CMO ──▶ 醫療控制審議委員會
監察委員會流程優化 ◀──────┤          ▶ 藥事及麻醉管理委員會
監察委員會       ◀────── 專業技術委員會 ▶ 流程優化委員會
                            │
        ┌───────────────────┼───────────────────┐
        ▼                   ▼                   ▼
   經營副院長 COO       護理總監 CNO        行政後勤副院長
```

經營副院長 COO			護理總監 CNO				行政後勤副院長	
信息總監 CIO	運營總監	財務總監 CFO						
醫學工程部主任	市場部主任	財務部主任	護理部主任	臨床科室主任	門診部主任	人力資源部主任	營養部主任	
採購部主任	客戶服務部主任	經營績效部主任	護理教育及培訓部主任	醫技科室主任	住院部主任	院辦公室主任	保安部主任	
醫院信息系統部主任	社會事務部主任		中心供應室主任	醫務部主任		後勤管理中心主任		

拾、附件資料 | 231

4、高級管理層的職能

    1）董事會的主要職責

    2）首席執行官 CEO 的主要職責

    3）院長的職責

    4）醫院專家顧問委員會

7.2 服務模式

    1）醫院將實行市場經濟觀念下的以"病人為中心"的服務模式，強調以人為本及人性化的服務理念，使病人在醫院的就醫過程充分感受到優質服務的享受。

    2）參考 JCIA 標準，以"一切為病人"為原則。

    3）會員制服務模式。病人就診憑會員卡，憑卡可預付診療金，結帳，查閱病歷，診療等。

    4）全程電腦資訊化管理。

7.3 經營模式
7.4 醫療服務價格體系
7.5 商業模式
7.6 醫療技術
7.7 醫院內部薪酬體系
7.8 市場行銷

第八章 醫院內部薪酬體系

8.1 目的

提供公平的薪酬待遇、均等的機會，以公平、合理、激勵的原則，促進醫院員工的發展與成長。

8.2 制定薪籌體系的團隊職責
8.3 薪籌體系的構成

    8.3.1 績效工資的標準

        各級員工的績效工資 = 績效工資標準 * 發放係數標準

        A．績效工資標準依據 /// 的效益每月算出均值，以此為標準，33 級的績效工資係數為 1.0，其他各級員工的績效工資均以此比較而得。

        B．在各部門能夠完成基本任務並且無扣分、扣款項的前提下，可得到部門全額的績效工資。

        C．在部門未得到全額績效工資時，部門主任承擔連帶責任，即不能拿到自己的全額績效工資。

        D．如果部門業績目超出前的績效工資總額，部門主任可在部門內統一分配。

        E．各部門主任的月績效工資由 /// 制訂參考的發放基數。

        F．績效考核的流程參見《/// 績效評估管理規定》，部門績效工資的計算由財務部經營部院內統一核算，績效工資進入科室帳戶後，由各科室主任負責統籌發放，部門內員工績效工資的發放參考標準見薪資明細表。

    8.3.9 員工固定薪資結構的給付原則

        A. 基本工資

        B. 崗位工資

入職條件考慮因素：

員工的教育背景、工作經歷、技術職稱、培訓經歷等

入職崗位工資核定程式：

1 所在部門／科室主任確認其聘任崗級，人力資源部審核；

2 職級由員工所在部門科室主任和人力資源部共同核定；

3 有特例，須由員工所在部門主任和人力資源部提出申請，報請院長辦公會審批。

8.3.10 薪酬的調整

8.3.11 薪資的發放

8.3.12 支付方式

8.3.13 中途離職

8.3.14 根據國家和 /// 的有關規定，以下費用從每月工資中扣除：

8.3.15 員工收入的演算法

員工實際收入＝基本工資＋崗位工資＋績效工資＋各項補貼（午餐補貼＋交通補貼＋其他各項補貼等）－個人收入所得稅－社會保險投繳項中個人應繳納的部分。

第九章 投資估算及資金使用計畫

9.1 投資估算依據和說明

（一）國家及市地方政府有關基本建設方面的財稅政策和有關收費標準；

（二）市城鄉建設委員會頒發的《二零零四年市建築工程預算基價》；

（三）已建成的同類工程實際造價；

（四）國內設備按照設備製造廠報價爲准，並按照相關費率計算運輸費及安裝費；

（五）進口設備可以在國內直接向國外生產商的駐華機構招標採購，設備費用以人民幣計算。

9.2 投資估算

專案總投資 50,928 萬元人民幣，其中：

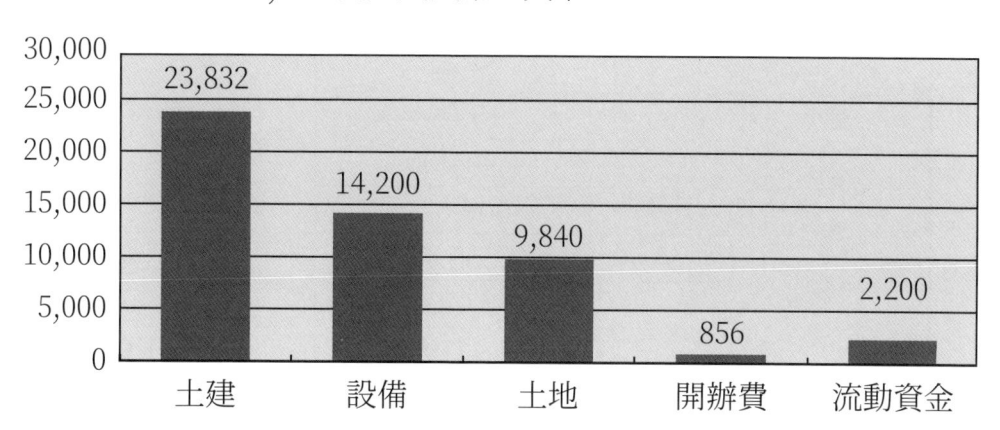

土建	23,832
設備	14,200
土地	9,840
開辦費	856
流動資金	2,200

9.3 土建及安裝成本估算

///// 醫院一期工程費用（萬元）	
項目	費用
一類費用	20,159.90
二類費用	2,666.34
不可預見費用	1,0//.54
合計	23,831.78

//// 醫院各部分建築費用（萬元）

建築名稱	合計費用	
門診住院樓	13,575.13	一期 20,159.89
後勤綜合樓	3,206.32	
發熱門診	535.66	
放療室	117.85	
太平間	60.34	
垃圾站	29.59	
氧氣站	28.44	
煤氣調壓站	13.54	
室外工程	1,984.00	
宿舍樓	609.02	
辦公科研樓	2,535.70	二期 5,772.03
康復中心	3,236.33	
合計	25,931.92	25,931.92

門診住院樓

工程名稱	建築面積	每 m² 單價（元）	合計（萬元）
土建	48,563	703	3,418
打樁及基坑支護	48,563	70	340
外簷裝修	48,563	480	2,335
內部裝修	48,563	430	2,092
給排水	48,563	77	373
消防系統	48,563	130	631
暖通系統	48,563	165	1,289
強電系統	48,563	138	674
弱電系統	48,563	182	887
醫用氣體	48,563	38	185
淨化手術室	48,563	101	490

汙水處理系統	48,563	12	60
泛光照明系統	48,563	10	50
人防系統	48,563	6	30
物流系統	48,563	41	200
電梯	48,563	107	520
合計		2,690	13,575

後勤綜合樓			
工程名稱	建築面積	每 m² 單價（元）	合計（萬元）
土建	5,797	1,240.00	718.83
打樁	5,797	80.00	46.38
外簷裝修	5,797	260.00	150.72
內部裝修	5,797	180.00	1//.35
給排水	5,797	356.00	206.37
消防系統	5,797	118.00	68.40
暖通系統	5,797	1,732.00	1,0//.//
強電系統	5,797	1,238.00	717.67
弱電系統	5,797	80.00	46.38
柴油發電機組	5,797	207.00	120.00
電梯	5,797	40.00	23.19
合計		5,531.00	3,206.32

太平間			
工程名稱	建築面積	每 m² 單價（元）	合計（萬元）
土建	288	1,850.00	53.28
給排水	288	80.00	2.30
消防系統	288	30.00	0.86
暖通系統	288	45.00	1.30
電氣	288	90.00	2.59
合計		2,095.00	60.34

發熱門診			
工程名稱	建築面積	每 m² 單價（元）	合計（萬元）
土建	1,806	1,450.00	261.87
打樁及基坑支護	1,806	120.00	21.67
外簷裝修	1,806	150.00	27.09
內部裝修	1,806	250.00	45.15
給排水	1,806	45.00	8.13
消防系統	1,806	120.00	21.67
暖通系統	1,806	320.00	57.79
強電系統	1,806	210.00	37.93
弱電系統	1,806	80.00	14.45
電梯	1,806	221.00	39.91
合計		2,966.00	535.66

放療室			
工程名稱	建築面積	每 m² 單價（元）	合計（萬元）
土建	481	2,200.00	1//.82
給排水	481	35.00	1.68
消防系統	481	20.00	0.96
暖通系統	481	45.00	2.16
電氣系統	481	120.00	5.77
弱電系統	481	30.00	1.44
合計		2,450.00	117.85

垃圾站			
工程名稱	建築面積	每 m² 單價（元）	合計（萬元）
土建	144	1,800.00	25.92
給排水	144	60.00	0.86
消防系統	144	30.00	0.43
暖通系統	144	45.00	0.65

電氣	144	120.00	1.73
合計		2,//5.00	29.59

氧氣站			
工程名稱	建築面積	每m²單價（元）	合計（萬元）
土建	144	1,700.00	24.48
給排水	144	20.00	0.29
消防系統	144	30.00	0.43
暖通系統	144	45.00	0.65
強電系統	144	150.00	2.16
弱電系統	144	30.00	0.43
合計		1,975.00	28.44

煤氣調壓站			
工程名稱	建築面積	每m²單價（元）	合計（萬元）
土建	64	1,900.00	12.16
給排水	64	40.00	0.26
消防系統	64	40.00	0.26
暖通系統	64	45.00	0.29
強電系統	64	80.00	0.51
弱電系統	64	10.00	0.06
合計		2,095.00	13.54

職工宿舍樓			
工程名稱	建築面積	每m²單價（元）	合計（萬元）
土建（含內外裝修）	3,691	1,300.00	479.83
打樁	3,691	115.00	42.45
給排水	3,691	45.00	16.61
消防系統	3,691	20.00	7.38
暖通系統	3,691	45.00	16.61

強電系統	3,691	85.00	31.37
弱電系統	3,691	40.00	14.76
合計		1,650.00	609.02

室外工程	
工程名稱	合計（萬元）
綠化	237.00
道路及廣場	433.00
圍牆大門	82.00
水池、亭、橋等	582.00
水暖、電管網接通	650.00
合計	1,984.00

二類費用		
費用明細	金額（萬元）	備註
前期費	659.8	
電力施工費	6//.24	
污水排放費	102.2	
煤氣增容費	138.2	
設計勘察費	525	二類費用不包括土地徵用費以及大配套費（向政府繳納的市政管網使用費）
監理費	102.5	
環評費	20	
合同審查費	9.63	
招投標管理費	56.88	
招投標代理及標底編制費	113.74	
城市規劃管費	28.44	
建設單位管理費	3//.71	
合計	2,666.34	

辦公科研樓			
工程名稱	建築面積	每m²單價（元）	合計（萬元）
土建（含內外裝修）	9,241	1,750.00	1,617.18
打樁	9,241	140.00	129.37
給排水	9,241	45.00	41.58
消防系統	9,241	120.00	110.89
暖通系統	9,241	245.00	226.40
強電系統	9,241	180.00	166.34
弱電系統	9,241	80.00	73.93
電梯	9,241	184.00	170.03
合計		2,744.00	2,535.73

擬增500床病床概算		
名稱	每m²單價（元）	合計（萬元）
土建設計費	75	150
土建	1350	2,700
打樁	71.93	143.86
外裝修	380	760
內裝修	320	640
給排水	76	152
消防系統	129	258
暖通系統	265	530
強電系統	138	276
弱電系統	182	364
醫用氣體	38	76
汙水處理系統	12	24
泛光照明系統	10.28	20.56
物流費用	41.11	82.22
電梯	106.88	213.76
合計		6,390.4

9.4 資金使用計畫

專案總投資 50,928 萬元人民幣，其中 20//、2006 年累計資金支出 5,349 萬元，預計 20// 年支出為 28,643 萬元，20// 年支出為 16,936 萬元。

二期投資 5,772 萬元，將視一期運營情況安排專案的建設進度，資金需求根據實際需要支付。

9.5 資金籌措及退出

專案所需資金主要由 // 醫藥投資有限公司籌措，// 醫藥投資有限公司及其股 // 具有雄厚的經濟實力和多方面的資源，考慮到專案投資回收期較長，且 /// 前期經營有一個相對較長時間的成長期，若債權融資過多，經營壓力會加大，因此我們希望引進戰略投資者資金，共同投資。專案二期所需資金由 /// 自身積累和股東追加投資來完成。

本專案從非營利性註冊開始，根據實際情況逐步向營利性經營過渡，通過利潤分紅、股權轉讓或其他方式最終實現專案金融性資本運作，收回投資。

第十章 財務分析

10.1 分析依據

(一) 建設部和國家計委聯合發佈的《建設專案經濟評價方法與參數》；

(二) 市物價局和衛生局聯合發佈的《市各醫療機構收費標準》；

(三) 《2003 年 // 衛生統計資料》和《20// 年 // 衛生統計提要》；

(四) 參照市各三級綜合 /// 和專科 /// 目前的費用開支水準和收支狀況；

(五) 參照國內外高端醫療保健機構收費標準。

10.2 收入估算

開業後門診量應有緩慢上升的過程，開業初期，日門診量定為 260 人；發展中期，日門診量為 755 人；相對穩定期，日門診量為 1000 人；成熟穩定期，日門診量為 1250 人。

項目		年門診收入（元）				備註	
		日門診量 260 人	日門診量 755 人	日門診量 1000 人	日門診量 1250 人	單價	比例
門診收入	掛號費	665,600	1,932,800	2,560,000	3,200,000	8	100%
	放射影像檢查費	2,995,200	8,697,600	11,520,000	14,400,000	120	30%
	CT	1,996,800	5,798,400	7,680,000	9,600,000	400	6%
	核磁	1,497,600	4,348,800	5,760,000	7,200,000	900	2%
	化驗費	3,993,600	11,596,800	15,360,000	19,200,000	60	80%
	藥房收入	7,113,600	20,656,800	27,360,000	34,200,000	90	95%
	健康體檢（機關幹部，教師，學生，工作應聘）	312,000	906,000	1,200,000	1,500,000	150	2.5%
	門診治療費（換藥，理療，小手術等）	532,480	1,546,240	2,//8,000	2,560,000	80	8%
	門診 ICU、CCU	499,200	1,449,600	1,920,000	2,400,000	600	1%
	合計	19,606,//0	56,933,//0	75,4//,000	94,260,000		

項目	年門診收入（元）				備註	
	日門診量 260 人	日門診量 755 人	日門診量 1000 人	日門診量 1250 人	單價	比例
	年住院收入					
住院收入 床位費	3,420,000	3,420,000	3,420,000	3,420,000	50	38%
放射影像	1,425,600	2,872,800	3,585,600	4,320,000	450	80%
ＣＴ	1,425,600	2,872,800	3,585,600	4,320,000	800	45%
核磁	1,287,000	2,593,500	3,237,000	3,900,000	1300	25%
化驗費	2,376,000	4,788,000	5,976,000	7,200,000	600	100%
藥費	19,800,000	39,900,000	49,800,000	60,000,000	5000	100%
ICU、CCU 監護費	792,000	1,596,000	1,992,000	2,400,000	2000	10%
住院治療費（輸液，穿刺，透析等）	3,168,000	6,384,000	7,968,000	9,600,000	800	100%
手術費（門診＋住院）	8,712,000	17,556,000	21,912,000	26,400,000	4000	55%
合計	42,406,200	81,983,100	101,476,200	121,560,000		
門診住院收入總計	62,012,280	138,916,140	176,884,200	215,820,000		

項　目			年支出		
			日門診量 260 人		
			各項費用	合計	共計
薪資支出		基本工資	825.6	1,027.2	3,478.0
		崗位津貼	201.6	^	^
		績效獎金	0.0	^	^
日常辦公支出	辦公費	宣傳學習費	60.0	1,636.0	^
^	^	辦公用品	8.4	^	^
^	^	印刷費	12.0	^	^
^	水電費	水費	36.0	^	^
^	^	汙水處理費	3.6	^	^
^	^	電費	240.0	^	^
^	公用其他	燃料費	36.0	^	^
^	^	洗滌費	37.2	^	^
^	暖氣費		100.0	^	^
^	通訊費		8.9	^	^
^	交通費		62.9	^	^
^	招待費		45.0	^	^
^	物業管理費		192.0	^	^
^	其它		600.0	^	^
^	維修費	設備	74.0	^	^
^	^	房屋	120.0	^	^
財政專款	保險費	財產保險	123.6	814.8	^
^	^	醫療責任保險	26.4	^	^
^	利息支出		664.8	^	^
運營成本		績效獎金	100	2,913.2	^
^		藥品支出	2153	^	^
^		檢驗試劑支出	76	^	^
^		放射材料費	60	^	^
^		CT　MR耗材	34.2	^	^
^		一次性衛生材料	90	^	^
^		廣告宣傳費	300	^	^
^		醫療賠償	100	^	^
總計					6,291.2

運營初期最低固定成本（萬元）　　單位：萬元

/// 運營初期最低固定成本（萬元）　　單位：萬元

項目			年支出 日門診量 755 人		
			各項費用	合計	共計
薪資支出	基本工資		1,620.0	1,821.6	
	崗位津貼		201.6		
	績效獎金		0.0		
日常辦公支出	辦公費	宣傳學習費	60.0	2,601.5	5,237.9
		辦公用品	18.0		
		印刷費	12.0		
	水電費	水費	96.0		
		汙水處理費	8.4		
		電費	540.0		
	公用其他	燃料費	60.0		
		洗滌費	45.0		
	暖氣費		140.4		
	通訊費		14.4		
	交通費		62.9		
	招待費		84.0		
	物業管理費		240.0		
	其它		900.0		
	維修費	設備	200.4		
		房屋	120.0		
財政專款	保險費	財產保險	123.6	814.8	
		醫療責任保險	26.4		
	利息支出		664.8		
運營成本	績效獎金		168.3	6,718.2	
	藥品支出		4,844.5		
	檢驗試劑支出		196.6		
	放射材料費		188.9		
	ＣＴ　ＭＲ耗材		87.9		
	一次性衛生材料		192		
	廣告宣傳費		800		
	醫療賠償		240		
總計			11,956.1		

運營初期最低固定成本（萬元）　　單位：萬元

項 目			年支出		
			日門診量 1,000 人		
			各項費用	合計	共計
薪資支出	基本工資		1,620.0	1,821.6	5,237.9
	崗位津貼		201.6		
	績效獎金		0.0		
日常辦公支出	辦公費	宣傳學習費	60.0	2,601.5	
		辦公用品	18.0		
		印刷費	12.0		
	水電費	水費	96.0		
		汙水處理費	8.4		
		電費	540.0		
	公用其他	燃料費	60.0		
		洗滌費	45.0		
	暖氣費		140.4		
	通訊費		14.4		
	交通費		62.9		
	招待費		84.0		
	物業管理費		240.0		
	其它		900.0		
	維修費	設備	200.4		
		房屋	120.0		
財政專款	保險費	財產保險	123.6	814.8	
		醫療責任保險	26.4		
	利息支出		664.8		
運營成本	績效獎金		522.8	8,777.5	
	藥品支出		6,172.8		
	檢驗試劑支出		256		
	放射材料費		247		
	CT　MR耗材		114.9		
	一次性衛生材料		224		
	廣告宣傳費		1,000		
	醫療賠償		240		
總計			14,015.4		

/// 運營初期最低固定成本（萬元）　　單位：萬元

項　目			年支出		
			日門診量 1,250 人		
			各項費用	合計	共計
薪資支出	基本工資		1,620.0	1,821.6	5,237.9
	崗位津貼		201.6		
	績效獎金		0.0		
日常辦公支出	辦公費	宣傳學習費	60.0	2,601.5	
		辦公用品	18.0		
		印刷費	12.0		
	水電費	水費	96.0		
		汙水處理費	8.4		
		電費	540.0		
	公用其他	燃料費	60.0		
		洗滌費	45.0		
	暖氣費		140.4		
	通訊費		14.4		
	交通費		62.9		
	招待費		84.0		
	物業管理費		240.0		
	其它		900.0		
	維修費	設備	200.4		
		房屋	120.0		
財政專款	保險費	財產保險	123.6	814.8	
		醫療責任保險	26.4		
	利息支出		664.8		
運營成本	績效獎金		522.8	10,332.3	
	藥品支出		7536		
	檢驗試劑支出		316.8		
	放射材料費		306		
	CT MR耗材		141.9		
	一次性衛生材料		268.8		
	廣告宣傳費		1,000		
	醫療賠償		240		
總計			15,570.2		

10.3 成本費用估算

備註：

1. 開業初期，日門診量為 220 人，為節約成本，電梯、扶梯、空調減半使用，進入供暖氣，住院樓部分開放，供暖面積為 5 萬平方米。

2. 以上成本不包括折舊及攤銷：折舊費按分類直線折舊法計算。殘值率均按 5% 計算，折舊年限分別為：

   房屋及建築物　　按 30 年計
   儀器設備　　　　按 10 年計
   車輛及其他辦公設備　按 5 年計
   運行維護費：按固定資產折舊的 30% 計
   則平均年折舊費用為 2,259 萬元，運行維護 638 萬元。

   攤銷包括開辦費和無形資產，開辦費分 5 年攤提，無形資產即土地成本按照 10 年攤銷。

10.4 損益分析

/// 專案毛利率 19.8%，投資回收期 11.57 年，項目盈虧平衡點 69.2%，具有較好的抗風險能力。

第十一章 SWOT 分析

11.1 優勢

11.2 劣勢

應對措施

11.3 機會

第十二章 風險分析及規避

12.1 政策風險

12.2 市場風險

12.3 競爭風險

12.4 管理及醫療糾紛風險

12.5 技術、人才風險

第十三章 附件

附件一 康復中心

第一節 項目摘要

一、項目簡述

////// 康復醫學中心是 ////// 醫院旗下的重點學科。康復醫學在醫學領域主要指功能康復，即綜合協調應用各種措施以調整病人傷殘的身心功能障礙，使其活動能力盡可能達到較高水準。目前 // 社會老齡化趨勢嚴重，老年人、慢性病人和其他功能障礙病人對康復的需求十分迫切。////// 康復醫學中心正是 //// 醫院本著為 // 區和全市居民服務的宗旨，看准市場與人民的需求，為提供一流的康復治療和保健療養而重點建設的一個服務優良、管理完善、具備嶄新康復醫療思維的一個醫院重點專案。////// 康復醫學中心將努力追蹤康復醫療的先進動態，竭盡全力為人民的身體健康做出貢獻。

二、康復中心的專案背景

由於社會的發展，人們對生存的要求不斷提高，康復醫學已成為一門獨立學科，與預防、保健、臨床醫學一起構成完整的醫療體系。目前，康復技術已全面滲透到臨床各學科之中，並且出現康復分科細化的趨勢。有些人錯誤地認為康復就是療養，其實不然。什麼是康復呢？1981年WHO醫學康復專家委員會認為："康復是指應用各種措施以減輕殘疾的影響和使殘疾人重返社會。它包括醫學康復、教育康復、職業康復和社會康復。康復不但針對疾病本身，更重視疾病所導致的功能障礙，著重於提高生活品質，恢復患者獨立生活、學習和工作的能力。

慢性疾病在很大程度上是由於長期不當的生活方式導致和誘發，正常的生活規律是養生的最基本條件，而隨著//經濟的騰飛，社會形態愈加複雜，人民生活水準不斷提高，隨之而來的高血脂、高血壓、心腦血管疾病等慢性疾病正在造成一個新的亞健康人群。

亞健康人群隨著社會節奏的加快出現了爆發式發展和蔓延的趨勢。隨著社會競爭的加劇、各種壓力的增加、生活習慣的改變以及環境污染越來越嚴重，亞健康人群的比例在地域分佈和年齡範圍上都不斷擴大。我們調研發現有70%左右的人群處於健康和患病之間的過渡狀態，即"亞健康"狀態。同時，我們發現絕大多數人未能正確對待自己身體的亞健康狀況，清楚自己的身體出現了亞健康狀態而採取措施的不到10%。本中心將以康復醫學為主導，運用醫療、工程、教育、職業、心理、社會等手段，對殘疾人、慢性病人、偏癱病人和大量的亞健康人群進行治療、訓練和輔導，不但針對疾病本身，更重視疾病所導致的功能障礙，著重於提高生活品質，恢復患者獨立生活、學習和工作的能力，使他們得以重返社會。

第二節 康復中心建設內容

一、康復中心（二期）建設項目一覽表

項目名稱	建築面積 (m²)	內 容	比例 (%)
康復功能評定科	180	心肺運動負荷評定、等速運動肌力評定、痙攣評定、平衡功能評定、認知功能評定、步態分析、紅外熱像檢查、運動肌電圖檢查、日常生活功能評定	2.6%
水療館	240	水中訓練系統、步行浴槽、蝶形按摩浴池等	3.5%
理療科	300	電療、光療、蠟療、熱療、冷療、牽引治療、超聲波治療、生物回饋治療、干擾電波電療、神經肌肉電刺激、藥物離子導入治療	4.4%
運動治療室	600	增加幅度運動、強化運動、伸展運動、有氧運動等	8.8%
言語治療室	60	失語及構音障礙治療	0.9%
西藥房（庫）	180	中心藥站及藥房	2.6%
中藥房（庫）	300	藥庫及藥房	4.4%
煎藥室	120	湯藥煎制（湯劑+浸浴藥）	1.8%
中藥熏洗室	100	中藥熏蒸+中藥浸浴	1.5%
中西結合科	160	診室4間	2.4%
針灸科	160	針灸治療室4間（每間6床）	2.4%
推拿科	60	按摩治療室2間（每間2床）	0.9%
兒童康復科	240	上述治療結合手術治療、音樂治療、引導教育、平衡訓練、認知訓練、腦癱智力療法、矯形器治療	3.5%

文體治療室	300	（1）治療性的體育項目：輪椅籃球、乒乓球、硬地滾球、投擲、輪椅競速、越障礙、偏癱體操、輪椅體操、腦癱體操、太極拳等（2）輪椅技能訓練：輪椅抬翹前輪、上下臺階和坡道（3）娛樂性項目：飛鏢、飛盤、棋牌、卡拉OK、文藝活動及各種遊戲（4）參與社會活動：遊覽名勝、商場購物、觀看文藝演出和體育比賽等（5）組織住院患者舉行體育比賽和文娛聯歡會	4.4%
作業治療室	200	（1）維持日常生活所必需的活動：進食、更衣、如廁等人們每天反復進行的活動，教會患者如何掌握日常生活的技巧，提高自理能力（2）治療性活動：根據患者的功能障礙，OT師選擇與之相適應的作業活動或訓練設備改善運動功能（3）生產性活動：包含多項功能的綜合訓練，既有體能的又有心理方面的，如：手工藝、編織、木工等，提高患者興趣同時提高了自信心（4）心理和社會性活動：通過娛樂性、藝術性活動調節患者的心理狀態，維持患者與社會的融合能力	2.9%
病　　房	3.600	豪華套間40間、一人包間20間、二人包間20間、三人包間20間（每間36平方米，共100間）	53%
合　　計	6.800		100%

附註：上述內容不包括各種通（管）道、衛生設備及醫護人員辦公區

二、康復中心特色
  1、專家諮詢
     有多名中國工程院院士出任顧問指導，還有數名從歐美留學歸國的具有豐富的臨床經驗的醫學專家為您量身定制適合您的診療方案。
  2、診療項目：
     康復中心將針對不同的個體，採用個性化的診療方案、有針對性的結合某項或多專案前國際流行的高科技研究成果，施行全方位的康復治療。
     （一）功能評定：心肺運動負荷評定、等速運動肌力評定、平衡功能評定、認知功能評定、步態分析、紅外熱像檢查、運動肌電圖檢查、日常生活功能評定等。
     （二）水　療：水中訓練系統、步行浴槽、蝶形按摩浴槽。
     （三）理　療：電療、光療、蠟療、熱療、冷療、牽引治療、超聲波治療、生物回饋治療、干擾電波電療、神經肌肉電刺激、藥物離子導入治療。
     （四）運動治療：增大幅度運動、強化運動、伸展運動、有氧運動等。
     （五）言語治療：失語、口吃及構音障礙治療。
     （六）文體治療：（1）治療性的體育項目（2）娛樂性治療項目（3）參與社會活動（4）組織競賽聯歡。
     （七）作業治療：（1）維持日常生活所必需的活動（2）治療性活動（3）生產性活動（4）心理和社會性活動。
     （八）兒童康復治療：中西醫相結合，採用多種先進康復方法對症治療。

（九）中醫特色治療：針灸、按摩、火罐、熏洗、浸浴、藥膳。

（十）中西醫結合門診：中西醫結合藥物診治（處方爲主）。

三、主要經濟技術指標

（一）中醫特色治療室與中西醫結合門診

序號	指標	單位	數量
一	醫療規模		
1	門診量	人次／日	針灸：160 按摩：16 中西醫結合：120 中藥薰蒸浸浴：50
2	病床	張	針灸：24 按摩：2 薰蒸床：2 浸浴桶：4
二	建設規模	單位	數量
1	建築面積	平方米	480
2	建築容積率	％	75
三	職工人數	人	14（醫12，護2）
四	總投資	萬元	2//.//
	醫療設備	萬元	6.66
	建築費用	萬元	114.14
	人工費用	萬元	83.28

（二）康復病房

（三）康復中心（八項專業科室）

序號	指標		單位	
	一	醫療規模		
1		各科室每年人次		
	1	水療室	14,600	
	2	理療室	36,500	
	3	功能評定室	14,600	
	4	運動治療室	73,000	
	5	作業治療室	54,750	
	6	文體治療室	21,900	
	7	言語治療室	29,200	
	8	兒童康復科	14,600	
2		各科室每人每次治療天數		

序號	指標	單位	數量
一	醫療規模		
1	病床	人次/年	640
2	病床	天數/次	90
3	各項檢驗	項次/日	120
二	建設規模	單位	數量
1	建築面積	平方米	3600
2	建築容積率	%	75
三	職工人數	人	84
四	總投資	萬元	1203.92
	醫療設備	萬元	107.96
	建築費用	萬元	856.//
	人工費用	萬元	239.88

	1	水療室		90
	2	理療室		90
	3	功能評定室		90
	4	運動治療室		90
	5	作業治療室		90
	6	文體治療室		90
	7	言語治療室		90
	8	兒童康復科		90
二		建設規模	單位	數量
	1	建築面積	平方米	2,240
	2	建築容積率	%	75
三		職工人數	人	14
四		總投資	萬元	1,401.56
		醫療設備	萬元	801.69
		建築費用	萬元	532.67
		人工費用	萬元	67.2

四、人力資源規劃

員工總人數約為 112 人

科室		科室數量	醫師人數	護士人數
專業治療室	功能評定	1	2	
	水療	1	2	
	理療	1	2	
	運動治療	1	2	
	言語治療	1	1	
	兒童康復	1	2	

	文體治療	1	2	
	作業治療	1	1	
中醫特色治療室	針灸治療	4	4	1
	按摩治療	2	2	
	中藥薰蒸治療	1	1	
	中藥浸浴治療	1	1	
中西醫結合門診		4	4	1
康復病房		160 床	36	48
百分比			55%	45%
合計			62	50

五、醫療設備規劃

（單位：人民幣萬元）

設備名稱	廠家	型號	單價	數量	總價
（一）康復功能評定室					
運動心肺功能負荷評定儀	（德）CORTEX	Metalyzer3B	430,000	1 套	430,000
等速運動肌力評定儀	（美）ARIEL	ACES	980,000	1 套	980,000
平衡功能評定儀	國產（錢璟）	B-PHY	148,000	1 套	148,000
步態分析儀	（美）	GAITRITE	580,000	1 套	580,000
紅外熱像檢查儀	國產（波普）	HR-2 標準型	38,000	1 套	38,000
運動肌電圖檢查儀	國產（環菱）	JD-4A	55,000	1 套	55,000
合　計					2,231,000

（二）水療室						
水療系統	（荷蘭）EWAC		1,560,000	1 套	1,560,000
步行浴槽	（荷蘭）EWAC		1,678,000	1 套	1,678,000
電動升降入浴架	（荷蘭）EWAC		480,000	1 台	480,000
蝶形浴槽	（荷蘭）EWAC		1,268,000	1 套	1,268,000
合　計					4,986,000
（三）理療室						
熱療箱	（美）	SS-2	47,800	1 套	47,800
冷療箱	（美）	C-2	69,800	1 套	69,800
蠟療機	（美）	PARE-CARA	5,800	1 套	5,800
超聲波治療儀	（美）	Chattanooga	38,000	1 台	38,000
頸腰椎牽引床	國產（錢璟）	T-YZQ	24,500	1 張	24,500
干擾電波治療儀	（德）	M150	27,300	1 台	27,300
神經肌肉電刺激 + 止痛儀	（丹麥）	ELPHA-II-3000	12,800	1 台	12,800
肌電回饋、壓力回饋、電療治療儀	（荷蘭）	MYOMED932	158,000	1 套	158,000
合　計					384,000
（四）運動治療室						
減重走步機 + 跑步機	國產（錢璟）	G-JZB-03	98,000	1 套	98,000

（二）水療室					
水療系統	（荷蘭）EWAC		1,560,000	1套	1,560,000
步行浴槽	（荷蘭）EWAC		1,678,000	1套	1,678,000
電動升降入浴架	（荷蘭）EWAC		480,000	1台	480,000
蝶形浴槽	（荷蘭）EWAC		1,268,000	1套	1,268,000
合　計					4,986,000
（三）理療室					
熱療箱	（美）	SS-2	47,800	1套	47,800
冷療箱	（美）	C-2	69,800	1套	69,800
蠟療機	（美）	PARE-CARA	5,800	1套	5,800
超聲波治療儀	（美）	Chattanooga	38,000	1台	38,000
頸腰椎牽引床	國產（錢璟）	T-YZQ	24,500	1張	24,500
干擾電波治療儀	（德）	M150	27,300	1台	27,300
神經肌肉電刺激＋止痛儀	（丹麥）	ELPHA-II-3000	12,800	1台	12,800
肌電回饋、壓力回饋、電療治療儀	（荷蘭）	MYOMED932	158,000	1套	158,000
合　計					384,000
（四）運動治療室					
減重走步機＋跑步機	國產（錢璟）	G-JZB-03	98,000	1套	98,000

股四頭肌訓練椅	國產（錢璟）	E-GST-01	3,739	1台	3,739
雙輪助行器	國產（錢璟）	G-ZHQ-01	362	2架	724
電動直立床	國產（錢璟）	B-ZLC-01	18,900	1台	18,900
訓練用階梯（三向）	國產（錢璟）	G-FTI-02	5,980	1套	5,980
重錘髖關節訓練器	國產（錢璟）	E-KGJ-01	3,480	1台	3,480
髖關節旋轉訓練器	國產（錢璟）	E-KGX	2,180	1台	2,180
踝關節活動訓練器	國產（錢璟）	E-HXQ-02	1,980	1台	1,980
四件組合訓練器	國產（錢璟）	E-GXQ-01	12,800	1套	12,800
七件組合訓練器	國產（錢璟）	E-GXQ-02	19,800	1套	19,800
合　計					167,583
（五）作業治療室					
木插板	國產（錢璟）	O-MCB-03	750	1套	750
套圈	國產（錢璟）	O-TAQ-02	598	1套	598
堆杯	國產（錢璟）	O-DBE	280	1套	280
幾何圖形插板	國產（錢璟）	O-JHT	498	1套	498

認知圖形插板	國產（錢璟）	O-RCB	488	2套	976
OT桌	國產（錢璟）	O-OTZ	1,800	2張	1,800
作業訓練器	國產（錢璟）	O-ZYE	2,580	2套	2,580
上螺母	國產（錢璟）	O-SLM	550	1套	550
平衡板	國產（錢璟）	O-PHB-02	890	1台	890
模擬作業工具	國產（錢璟）	O-MZB	760	1套	760
分指板（萬向輪）	國產（錢璟）	O-FZB-02	189	2台	378
合　計					10,060
（六）文體治療室					
籃球訓練設備	國產		12,000	1套	12,000
乒乓球設備	國產		3,000	1套	3,000
輪椅訓練坡道	國產		25,000	1組	25,000
其他訓練娛樂設施	國產		40,000	1組	40,000
合　計					80,000
（七）言語治療室					
語言障礙診治儀	國產（錢璟）	S-YYZ-01	128,000	1台	128,000
合　計					128,000

(八) 兒童康復室					
兒童平衡杠	國產 (錢璟)	G-PXG-02	3,780	1組	3,780
兒童站立架	國產 (錢璟)	C-ZLJ-02	2,780	1台	2,780
兒童分指板 (萬向)	國產 (錢璟)	O-FZB-//	158	2套	316
雙輪助行器	國產 (錢璟)	G-ZHQ-02	485	2台	970
重錘髖關節 訓練器	國產 (錢璟)	E-KGJ-02	3,480	1台	3,480
股四頭肌 訓練椅	國產 (錢璟)	E-GST-02	3,480	1台	3,480
兒童作業 工作臺	國產 (錢璟)	C-ZYT	980	1套	980
認知玩具	國產 (錢璟)	C-RZW	550	1組	550
平衡觸覺板	國產 (錢璟)	C-T0//5	3,880	1台	3,880
鑽籠 (爬行訓練)	國產 (錢璟)	C-ZLO-02	8,900	1台	8,900
捶球訓練器	國產 (錢璟)	C-CQQ	490	1組	490
模擬水果	國產 (錢璟)	C-FSG	680	1套	680
合　計					30,286
(九) 中醫門診					

針灸治療床	國產（龍富康）	木制	950	24 張	22,800
按摩治療床	國產（龍富康）	木制（有呼吸孔）	950	4 張	3,800
聽診器	國產（玉兔）	單用 TZ-1	20	8 個	160
叩診錘	國產	SS	2,375	4 個	95
止血鉗	國產	16 號 - 直型	25	4 個	100
血壓計	國產（玉兔）	臺式	68	8 台	544
體重計	國產	RGZ-120kg	400	6 台	2,400
小型高壓蒸汽滅菌器（消毒鍋）	國產	手提式	780	4 組	3,120
輪椅	國產	QH-01K	720	2 台	1,440
針灸針（多尺寸）	國產		500	1 套	500
艾條及火罐（各型號）	國產		500	1 套	500
不銹鋼針盤	國產	11.5 寸（帶蓋）	55	8 個	440
不銹鋼棉球罐	國產	5 寸（帶蓋）	30	8 個	240
治療（託盤）推車	國產	雙臂託盤	620	4 台	2,480
不銹鋼治療車	國產	800*480*900	940	4 台	3,760
不銹鋼泡鑷桶	國產	大號	30	4 個	120
活動屏風	國產		450	16 組	7,200
電熱治療燈（神燈）	國產	CQ-21	480	24 台	11,520

活動紫外線消毒燈	國產	BF-ZW	522	4 台	2,//8
不銹鋼消毒器皿	國產	23 寸	120	8 個	960
X 光片讀片燈	國產	三聯 XZG-I	580	4 台	2,320
合　計					66,587
（十）康復病房					
中藥薰蒸床	國產（翔宇）	HYZ-III	41,800	2 套	83,600
中藥浸浴木桶（床）	國產（碧歐思）	M-020	1,200	4 組	4,800
煎藥設備（浸浴）	國產	多功能提取濃縮	50,000	1 套	50,000
聽診器	國產（玉兔）	單用 TZ-1	20	33 個	660
叩診鎚	國產	SS	23.75	33 個	784
止血鉗	國產	16 號 - 直型	25	20 個	500
血壓計	國產（玉兔）	臺式	68	8 台	544
電子體溫計	（日本）歐姆龍	Mc106b	75	12 個	900
體重計	國產	RGZ-120kg	400	3 台	1,200
小型高壓蒸汽滅菌器（消毒鍋）	國產	手提式	780	6 組	4,680
	國產	QH-01K	720	6 台	4,320
輪椅	國產		500	2 套	1,000

針灸針（多規格）	國產	11.5寸（帶蓋）	500	24個	12,000
不銹鋼針盤	國產	5寸（帶蓋）	55	24個	1,320
不銹鋼棉球罐	國產	大號	30	24個	720
不銹鋼泡鑷桶	國產	雙臂託盤	620	12台	7,440
治療（託盤）推車	國產	800*480*900	940	12台	11,280
不銹鋼治療車	國產		450	30組	13,500
活動屏風	國產（小護士）	2//0*960*500	2,980	240張	715,200
Pe床頭移動雙搖帶廁床（含床墊）	國產（康普）	abs	650	240台	156,000
床頭櫃	國產	BF-ZW	522	12台	6,264
活動紫外線消毒燈	國產	23寸	120	24個	2,880
不銹鋼消毒器皿					1,079,592
合　計					9,163,1//元
十項總計					

第三節 市場需求及機會分析

一、康復醫學市場總體概況

　　從古至今，//傳統康復醫學的發展大致經歷了春秋戰國時期，漢晉南北朝時期、隋唐時期，宋金元明時期，至清朝與建國之後。

隨著歷史的發展，這門科學逐漸形成了完整體系。康復醫學是第二次世界大戰後興起的一個醫學領域，它與預防醫學，保健醫學和臨床醫學一起構成現代醫學。康復醫學是以人體功能為中心的醫學，它的發展反映了人類社會對於生活品質方面的需求，因此隨著社會的進步，其地位也越來越重要。康復工程是用工程方法實現人體功能的康復，康復工程的產品就是康復治療所需的醫療器械。

康復治療的相關疾病範圍比較廣泛，最常見的大致可分為五大類：

1) 軟組織相關疾患：

　　肌腱炎、滑囊炎、肌肉扭挫傷、運動傷害等；康復治療利用各種儀器提供光、電、水、冷、熱、聲等能量來緩解疼痛，並教育患者如何避免降低疼痛或傷害發生的保健觀念，減少藥物的使用，提供傳統治療以外的最佳治療方法。

2) 神經系統方面疾患：

　　腦中風、頭部損傷、脊髓損傷、周邊神經系統疾病等所造成的肢體殘障，可以透過康復治療的手法，以及相關治療性運動訓練，使病人重新獲得原有的功能。

3) 兒童發育發展遲緩或障礙：

　　包括運動、語言、心理及社會適應各方面。如發育遲緩兒童、腦性癱患、唐氏症、感覺統合障礙、多動症、自閉症等，都可以透過康復治療的相關訓練或引導方式，來促進兒童身心的正常發展，協助這些病童也能過著正常人的生活，避免因為缺乏治療或延誤治療所造成的兒童發育成長過程中留下的終生遺憾。

4) 心肺呼吸相關疾患：

　　包括急性心肌梗塞心臟導管及支架裝置術後、哮喘、慢性阻塞性肺部疾患等所引起的全身性紊亂（deconditional

status），利用各種不同的誘發及耐力訓練來恢復病人的體力。

5) 骨骼相關疾患：

包括骨折及脫位的內科療法及輔護具和助行器的使用。例如：骨骼發育障礙、各類關節疾患、退行性關節疾患，各種運動傷害，及內科疾病相關的骨傷問題之解決等。

當前國內大多二級以上 /// 都建立了相應的康復醫學科室，康復專科 /// 也在不斷出現，但由於起步較晚及觀念與經濟的受限制約，使得發展很不平衡，主要問題在：

1) 醫院集中精力解決危及生命的疾病，而未顧及患者的生存品質和功能恢復情況。
2) 患者康復意識淡薄，把康復作為疾病後自然恢復的過程，能接受藥物治療，不能接受康復訓練。
3) 有些醫院康復科室不規範，僅有中醫的針灸、推拿、骨傷固定等。
4) 康復醫療尚未列入醫保範疇，社區康復不普及。

儘管中國有著巨大的康復醫療市場，然而在這些負面因素的影響下，康復醫療開展的並不順利，無論是 /// 還是病人都對康復醫療沒有足夠的瞭解與重視，僅僅關注救命醫療，或簡單理解康復為養傷，對疾病和殘疾帶來的教育、社會、職業、心理障礙瞭解不足。這些嚴重影響了病人回歸社會的進程，降低了病人的生活品質。綜上所述，國內的康復醫療還幾乎是一片未開墾地，如果我們能夠建設先進的符合康復醫學要求的康復醫療中心，就可以順利的開拓出一片巨大的康復醫療市場。

考慮到國內康復醫療的現狀，為了能夠更好的開展康復服務，本中心的發展將兼顧臨床與基礎，以當前最新的醫療理念，以定量化方式評估病人的病情及治療效果，期望以基礎研究配合數位化定量評估來深入瞭解病情的轉機及改善治療的方法，科學合理的利用評估而來的病情資訊做出最適合病人實際情況的治療計畫。開展種類齊全、功能完善的具體康復醫療專案，為病人奉獻最佳的治療方式。

二、需求概算

中國有著巨大的康復醫療市場，隨著經濟的騰飛，我國符合世界衛生組織關於健康定義的人群只占總人口數的15%，與此同時，有15%的人處在疾病狀態中。剩下的70%的人處在"亞健康"狀態。"亞健康"狀態在很大程度上是由於長期不當的生活方式導致和誘發，正常的生活形態是養生的最基本條件，然而，隨著經濟的快速發展，人民生活水準的不斷提高，處於亞健康狀態的人群不在少數。

20// 年市統計的常住人口為1007.18萬人，其中，高收入人群占總人口的5-15%左右，其中年收入在6萬元以上的占40-50%，10萬以上為30%，50萬以上占10-20%。目前市高收入人口約153.6萬人，康復治療需求率約為78%-92%，按照中間值85%計算，則每年接受康復治療的人約為130.56萬人。隨著技術的進步和人們思想觀念的更新，隨著康復醫學的不斷創新與完善，以及民眾對康復認識的不斷增加，相信需求量也會不斷提高。

與康復相關疾病年耗資統計如下表：

疾 病	統計年份	年醫療費用（億元）
癌症	20//	8,895
糖尿病	20//	8,320
白內障	20//	243
心血管疾病	20//	24，935

腦血管疾病	20//	8,000
中風後遺症	20//	840
外科疾病	20//	7,626
心理疾病	20//	383
言語障礙	20//	435
更年期綜合症	20//	402
關節損傷病變	20//	8,869
先天性腦發育不全	20//	283
其他內科疾病	20//	13,942
合計		83,173

三、市場定位

根據上述分析，////// 康復醫學中心必須以友好的服務態度、優良的服務理念為基礎，建立一個門類齊全的康復醫療中心，完善各種康復治療方法，發展重點專業技術，並與國內外相關康復機構進行交流合作，提高自身水準，爭取能夠得到當地民眾百分之百的認可，進而吸引周邊地區乃至於全國民眾患者前來諮詢就診。

由於 //// 醫院地理位置優越，本康復醫學中心擬以偏癱患者、脊髓損傷患者、骨關節病患者以及大量的亞健康人群為服務物件，以努力提高康復技術水準、住院服務為主要發展選項，引進國內外先進理療技術，爭取在京、津、冀、環渤海地區起到主導和領先地位，充分發揮自身國際先進水準硬體設施強項，結合特色醫療技術與全新服務理念，創造安全舒適、周到滿意的優質醫療服務和就醫環境。//// 醫院將以全心全意為病人服務為宗旨，努力提高護理水準來服務於社會大眾。

四、投資估算

　　（一）投資估算依據

　　　　（一）各家檢測機構檢測專案的報價；

　　　　（二）康復相關產品的報價；

　　　　（三）醫用建築裝飾行業預算價格標準及裝修規範價格；

　　　　（四）市同類設備的價格；

　　　　（五）設備供應廠家的報價；

　　（二）投資

　　　　專案總投資3,133.66萬元，其中土地、建築費1,617萬元，設備投資916.30萬元，其他辦公用品40萬元，市場行銷費用120萬元，員工基本薪資390.36萬元，材料費及管理費用等50萬元。

　　　　根據專案目標和定位，//////康復醫學中心的投資估算如下：

單位：萬元人民幣

項　　目		投　資　額
固定資產投資		
	儀器設備	916.30
	基礎建設	1617
	辦公用品	40
流動資產投資		
	原輔材料費等	50
	人工費用	390.36
	銷售費用	120
合　　計		3,133.66

五、經營預測及財務分析

（一）科室日/年收入預估分析

科室＼項目	診療費、藥費/人	人次/日	科室日收入	科室年收入
水療室	200	40	8,000	2,920,000
理療室	80	100	8,000	2,920,000
功能評定室	100	40	4,000	1,460,000
運動治療室	50	200	10,000	3,650,000
作業治療室	75	150	11,250	4,106,250
文體治療室	60	60	3,600	1,314,000
言語治療室	50	80	4,000	1,460,000
兒童康復科	60	40	2,400	876,000
中西醫結合門診	40	120	4,800	1,752,000
針灸門診	40	160	6,400	2,336,000
按摩門診	50	16	800	292,000
中藥薰蒸/浸浴	60	50	3,000	1,095,000
康復病房（僅床費）三人間	50	60	3,000	1,095,000
康復病房（僅床費）二人間	75	40	3,000	1,095,000
康復病房（僅床費）單人間	150	20	3,000	1,095,000
康復病房（僅床費）豪華套間	300	40	12,000	4,380,000
合計	1,620	1,391	87,250	31,846,250

（二）收入成本分析

單位：萬元人民幣

項目＼時間	第一年	第二年	第三年	第四年	第五年	第六年
銷售收入	1910.76	2365.2	2774.9	3184.6	3184.6	3184.6

建築分攤	32.34	32.34	32.34	32.34	32.34	32.34
設備折舊	95.33	95.33	95.33	95.33	95.33	95.33
實際工資	543.22//	579.576	612.352	645.128	645.128	645.128
其他成本	573.228	709.56	832.47	955.38	955.38	955.38
銷售費用	150	120	120	120	120	120
財務費用	46	46	46	46	46	46
稅前利潤	470.6412	782.394	1036.4//	1290.422	1290.422	1290.422
營業稅、所得稅	0	0	0	544.25861	544.25861	544.2586
稅後利潤	470.6412	782.394	1036.4//	746.16339	746.16339	746.1634
現金流量	598.3112	910.064	1164.078	873.83339	873.83	873.8334
累計現金流量	-2535.3488	-1625.28	-461.2068	412.63	1,286.46	2,160.29
投資回收期	3.527797182					
淨現值（I=0.1）	￥6//.77					
內部收益率	17%					

說明：

1、建築分攤：按照 50 年的使用年限計算折舊。

2、折舊：部分設備（計 773.4 萬元）按照 10 年計算折舊，部分設備（計 142.9 萬元）由於使用頻繁或是更新換代較快，無法使客人滿意，按照 5 年計算折舊。使用殘值率 10%；

3、銷售費用：每年 120 萬元，第一年 150 萬元；

4、財務費用：利率按照 6.21% 計算；

5、稅率：前三年免稅，後三年根據規定繳納營業稅（營業額 5%）、附加稅（營業稅的 11%）、所得稅（利潤 33%）等。

6、薪資：

員工薪資由基本工資＋績效工資＋年終完成任務獎金組成，前兩項按月發放，第三項年終發放，一方面此種激勵措施能夠提高員工的積極性，另一方面能夠降低項目的經營風險。

人員	基本工資	實際工資 第一年	第二年	第三年	第四年	第五年
主任醫師	2	19.92	27.72	30.32	31.62	32.92	32.92
副主任醫師	12	90.72	126.24	138.09	144.01	149.93	149.93
主治醫師	30	144	200.39	219.18	228.61	237.98	237.98
醫師	18	38.88	54.10	59.18	61.70	64.26	64.26
主管護師	3	7.92	11.03	12.06	12.58	13.//	13.//
護師	12	25.92	36.07	39.45	41.16	42.84	42.84
護士	35	63	87.67	95.89	99.97	1//.12	1//.12
合　　計	112 人						
合計（萬元）		390.36	543.22	594.17	619.65	645.13	645.13

注：績效工資為銷售收入的 3%，年終完成任務獎金為銷售收入的 5%。

7、其他成本

包括藥品、藥劑、一次性耗材、水、電等變動成本及管理費用，藥品、一次性耗材等變動成本及管理費用，按照銷售收入的 30% 計算。

(三) 盈虧平衡分析

項目固定成本 3,133.66 萬元，包括折舊、銷售費用及基本工資，變動成本包括其他成本及浮動工資 38%，正常年份 1,210.15 萬元。

當營業負荷達到 38.//%，即營業額達到 1,211.74 萬元 / 年時，項目保持盈虧平衡；當營業負荷達到 30.95%，即營業額達到 985.58 萬元 / 年時，項目能夠維持經營。

(四) 敏感性分析

項目對成本費用的變動較為敏感，其次為營業收入，最後為總投資；當分別成本費用增加 20%、銷售收入減少 20%、總投資額增加 20% 時，專案的內部收益率分別為 3%、5% 和 11%，可見項目具有較好的抗風險能力。

(五) 主要競爭對手分析

(A) 市環湖 /// 康復醫學中心

市環湖 /// 康復醫學中心始建於 2001 年 10 月 18 日。該中心座落於天塔湖畔，建築面積八百平方米。設有康復功能評定室、運動治療室、水療室、作業治療室、言語治療室、物理治療室和傳統中醫針灸按摩治療室。擁有康復醫學專業技術人員 11 名，其中碩士以上學位者 1 名，副高職稱以上者 3 名，中級職稱者 3 名。

三年來共治療患者 12 萬次，日門診治療量超過 200 人次。該中心參與市顱腦創傷搶救中心建立顱腦創傷單元，以及腦外傷患者的康復治療，同時還與神經內科合作建立卒中單元並開始起步。三年來該中心在康復醫學專業期刊上發表論文近十篇，在"重症顱腦創傷早期康復"及"水中運動治療"方面在逐漸積累經驗。

(1) 優勢分析

1. 該院以神經系統疾病康復為主，集臨床、科研、教學為一體的綜合性醫療中心，也是市康復醫學會腦損傷、腦卒中專業委員會所在地，在市屬於腦系科首選///，不存在病源缺乏情況。

2. 該中心引進美國、德國、比利時、瑞典、丹麥等國先進的康復功能評定與治療設備，其中 FERNO 水中訓練系統、Valpar 職業功能評定系統等許多設備屬國際先進、國內領先水準。

3. 該院卽將與醫科大學總///合併，且已規劃（已動工）一座面積爲 4000 余平方米、高二十餘層的醫療大樓，其中的三層將用來開辦康復醫學中心。

(2) 劣勢分析

1. 該中心雖建於天塔湖畔，但內部實際使用面積僅僅 600 餘平方米，開展專案雖夠，但稍顯擁擠。

2. 部分康復設備廢舊或老化，已不堪繼續投入使用，且部分康復專案已跟不上國際先進水準。

3. 開展項目雖有七項，作爲市目前唯一的康復醫學中心而言遠遠不足。

(B) // 康復研究中心（北京）

// 康復研究中心是 // 殘疾人聯合會直屬的全民所有制事業單位，是國家"七五"重點建設工程，於 1988 年 10 月 28 日落成開業。中心占地 7.1 萬平方米，建築面積 5 萬平方米，全部採用無障礙設計，配有中央空調系統。經過十幾年的發展，目前已成爲我國規模最大的集醫療、教學、科研和資訊於一體的現代化綜合性康復機構。

中心下設北京博愛///、// 殘疾人聯合會社會服務指導中心、康復醫學研究所、康復工程研究所、康復資訊研究所、博大公司及 9 個職能處室，其中博愛 /// 以康復醫療為重點，設有齊全的門診、臨床、康復、醫技科室 30 餘個，床位 500 余張，主要康復治療科室有：物理治療科、作業治療科、聽力言語治療科、心理康復科、骨科、中醫科、文體治療科、康復評定科、兒童康復科、高壓氧倉、綜合康復科、偏癱治療中心、脊柱脊髓外科、脊髓損傷康復科、假肢矯形器裝配部等。並設有普外、內科、泌尿科、麻醉科、ICU 科、綜合門診、五官科、婦科、預防保健科、腸道門診、家庭病房等科室，並承擔全國殘疾人用品用具開發、供應、服務及品質監督；研製、開發康復訓練設備、功能代償裝置及生活輔助用具，並提供服務。

(1) 優勢分析

　　1. 該中心為國家重點工程及開發專案，有較強的經濟後盾扶持，無營運風險。

　　2. 該中心與海外交流機會較多，近幾年共接待來自 20 多個國家和地區的來訪團組，並派出 300 人到日本、美國、挪威、加拿大等國進修學習和進行學術交流，已成為我國康復事業、殘疾人事業以至人權形象同國際交往的重要視窗。

　　3. 該中心製作、出版、發行"為殘疾人事業服務"的音像製品，協助國家宣傳機構製作有關殘疾人事業的節目，因此自身宣傳管道較多，為該院省去大筆宣傳費用。

(2) 劣勢分析

　　1. 位處交通擁擠且日趨擁擠的北京市區中心，噪音、空氣污染比較嚴重，治療環境較差。

2. 由於經濟及諸多後盾較強，部分醫護人員服務品質下降，各科室療程相對較長。

3. 該院開發專案太多，存在部分治療方式相同科室，醫護人員有重複使用現象，工資支出略顯浪費。

(C) 中醫藥大學第一附屬/// 國際醫療康復大廈

國際醫療康復大廈坐落于中醫一附院院內西北部，總建築面積 22,380 平方米，高 49.95 米，地下 1 層，地上 15 層，局部 17 層，以針灸、骨傷推拿為主體的綜合醫療體系，既有普通醫療，同時特別開展特需醫療服務。一、二層主要為診室、治療室、藥站、健康藥浴，其他各層，均為普通病房和高級病房，總共 221 套，設病床 851 張，標準病房（含 3～4 張床）175 套，2 張床高級病房 56 套，套間高級病房 6 套。套間高級病房，配有網路電腦終端，提供上網服務，以適應不同階層患者需求。

國際醫療康復大廈內配套設施較齊全，設電梯 4 部（包括 2 部病人梯、2 部客人梯），中央空調，程式控制交換機，集中供氧系統（包括負吸系統）。各病房均裝配衛星天線，綜合佈線網路。該院以醫療為中心，逐步發展為集約型單科中醫///，在現有 27 個臨床科室、8 個技術科室基礎上逐步建成 5 個單列式///，即中醫針灸腦病///、中醫內科///、骨傷推拿///、中西醫結合外科///、中醫婦兒科///；2 個中心，即中醫急救中心、臨床檢測中心，使總床位上升為 3,000 張的大型綜合醫療中心。

(1) 優勢分析

1. 該院擁有"全國針灸臨床研究中心"及諸多研究中心頭銜，且市海、陸、空交通便利，病原遍及華北及東北地區乃至海外。
2. 康復中心開業以來床位始終處於供不應求情況，在百姓內心早已定為中醫及中西醫結合首選///。
3. 院內設有國際（涉外）醫療體系，外國留學生及外籍進修醫師眾多，且每年舉辦大型國際學術交流活動，知名度得到肯定。

(2) 劣勢分析

1. 康復中心週邊配套設施設計不合理，全院無地下停車場且停車位太少，出入///車輛通道擁擠不堪，時有小車禍占道聚眾，接送病人耗時費力。
2. 電梯太小且數量遠遠不夠，每逢上下班及中午就餐時段電梯大排長龍，電梯內雖有雇人操控卻適得其反，每日仍有多起口角衝突發生。
3. 該院"大牌級"醫生太多，在對待患者態度上存在一定差距，在人事管理上也存在一定難度。

六、風險分析及規避

(一) 市場及競爭風險

本項目在全面市場調研基礎上，深入分析了目前康復醫療行業的供給狀況和需求狀況，建立了現代化、具有專業特色，能滿足華北地區高端人士康復需求的服務機構。市場定位清楚；服務思想明確；學科完善、實用、專業技術有特色；能更好的解決現階段國內康復醫療供給與需求的矛盾和問題。目前，國內現階段僅有幾間大型綜合 /// 擁有稍具現代化的康復體系，以本康復中心的前衛設備和全新經營理念及占盡各種天時地利優勢，足以在華北地區起主導和領先地位。

但是，市場狀況不可能一成不變，當代先進企業已從過去推測性商業模式，轉移成高度回應需求的商業模式，隨著康復醫學的發展，會受到越來越多的重視，同類競爭者也會隨之增多，所以康復中心要建立廣泛的市場訊息搜集管道，把網路作為快速反應的重要工具和手段，加強同市場的溝通，建立快速反應機制，站在顧客的角度及時地傾聽顧客的希望、渴望和需求，及時答覆和迅速做出反應，滿足顧客的需求，爭取更多的市場份額，降低市場風險。

(二) 管理及醫療糾紛風險

向管理要品質，向管理要秩序，向管理要人才，向管理要紀律，向管理要效率，向管理要效益，管理在企業中的地位已日益重要。為此，康復醫學中心從建設初期開始，就聘請了專業的 /// 管理人員從專案的立項、市場調研、規劃方案設計等方面，運行中採用了科學規範的經營管理模式，注重吸引、培養和留住各類複合型管理人才，並聘請國內、外 /// 專業諮詢管理公司充當其諮詢顧問機構，為 /// 業務設置和經營出謀劃策，切實降低管理風險。

康復醫學中心將制定嚴格、規範、科學的管理制度，使醫療過程程式化、制度化，加強全心全意為患者服務的意識，同時制定合理的中心和相關人員醫療糾紛責任共擔機制，以減少醫療糾紛發生的機率。同時，通過與保險公司的合作，轉移醫療糾紛風險。

(三) 技術及人才風險

優秀的康復能力是康復醫學中心的核心競爭力。而優秀的康復能力主要不是來源於先進的物質設備，而是來源於從事診斷治療工作的醫生和護士。因此，康復醫學中心能否吸引、培養並留住業內一流的人才，成了康復醫學中心能否長期保持競爭優勢的核心因素。沒有優秀的醫務人員，康復中心想長久立於不敗之地，不太現實。/////// 康復醫學中心將建立一套有利於吸引和留住業內一流人才的機制，同時也將建立一套有利於人才培養的機制，外部招聘與內部培養相結合，切實降低技術、人才風險，走高科技發展之路。

（四）醫療事故風險

　　醫療事故及醫療糾紛是任何醫院都必須竭盡全力加以避免的，倘若不幸發生，將使 /// 的整體醫護、外界形象及口碑信譽等甚至後續經營產生嚴重的破壞性影響。因此，本康復中心勢必制定嚴格、規範、科學的管理制度，使醫療過程程式化、制度化、規範化，根固全體醫護人員全心全意為患者服務的意識，同時制定合理的政策中心和相關人員醫療糾紛責任共擔機制，從而大大減少醫療糾紛發生的機率。另一方面，通過與保險公司的有效合作，轉移部分醫療糾紛風險。

未來展望

　　目前國內已積極推動醫療保險及整體醫療體系，如何在步入小康社會之際，結合生物醫學與工程技術，發展本土化康復工程研究，並開發各項醫療設備與康復生活輔具，期以滿足國人未來對康復醫療品質的要求，並對病患提供更好、更有效之康復醫療照顧，將是 /////// 康復醫學中心刻不容緩之努力方向。

附件二 中國的醫療市場分析

一、中國醫療市場規模

1、總體概況

近年來中國每年的醫療消費為 4,500 億元，只相當於國民生產總值的 4%。在發達國家，如美國這一比例為 14%，瑞典為 9%，英國為 5%，韓國、日本、香港等亞洲國家和地區為 6-8%。從人均醫療消費看，美國為 4,090 美元，德國為 2,339 美元，日本為 1,714 美元，韓國為 587 美元，而 // 不到 50 美元。可見，在醫療衛生保健市場，中國還有巨大發展空間；隨著中國經濟的快速發展，人們更加關注醫療保健的消費與支出，使醫療消費的增長速度高於 GDP 的增長，衛生部衛生經濟研究所的研究表明，1994--2000 年間，中國的衛生總費用年均增長 14.01%，超過了 GDP 年均 9.21%的增長速度。政府、社會在衛生總費用中所占比例呈逐年下降趨勢，而居民個人的醫藥費用負擔明顯上升。

2000 年全國衛生總費用 4,764 億元，其中，政府預算衛生支出 709.5 億元，社會衛生支出 1167.7 億元，居民個人衛生支出 2,886.7 億元，2000 年人均衛生費用 376 元，城市人均衛生費用 771 元，較前一年增長了 124 元，增長幅度近 20%。見下圖：

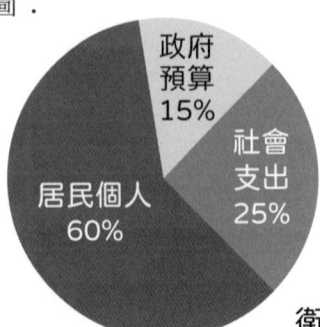

衛生費用構成（單位：億元）
- 政府預算 15%
- 社會支出 25%
- 居民個人 60%

年人均衛生費用（單位：元）

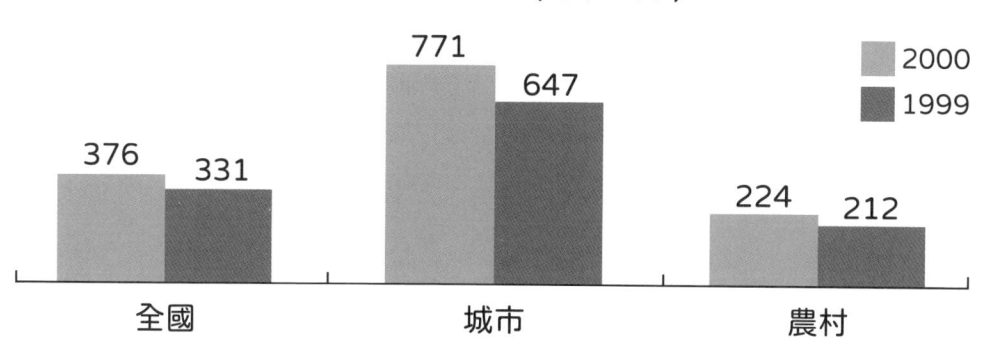

	2000	1999
全國	376	331
城市	771	647
農村	224	212

2、縣級以上醫院床位擁有情況

根據中國衛生部的統計，到 20// 年全國縣級以上醫院的床位擁有數量情況詳見下表：

全國縣級以上醫院床位擁有數量

年 份	1985 年	1990 年	2001 年	2001 年比例
總 計	11,497	13,489	15,451	100%
50 張以下	3,943	4,585	4,750	30.7%
50-99 張	2,664	3,202	3,115	20.2%
100-149 張	1,668	1,802	2,760	17.9%
150-199 張	1,//7	1,070	1,209	7.8%
200-299 張	1,131	1,250	1,498	9.7%
300-399 張	535	751	870	5.6%
400-499 張	259	388	428	2.8%
500-799 張	*250	*441	664	4.3%
800 張以上	—	—	157	1.0%

從上面資料分析，500 張床位以上醫院的比例僅占縣級以上醫院的 4.3%，因此在中國大型醫院是非常缺少的，具有很大的發展潛力。

3、不同地區病床使用情況

到 2002 年中國不同地區病床使用率統計如下：

地區	病床使用率(%)	平均住院日	地區	病床使用率(%)	平均住院日
總計	65.1	10.9	河南	61.8	9.8
北京	72.2	17.3	湖北	65.4	10.7
天津	59.6	16.4	湖南	60.8	9.8
河北	64.5	8.3	廣東	73.0	11.5
山西	53.8	9.4	廣西	67.0	11.1
內蒙古	55.8	14.0	海南	47.4	8.5
遼寧	57.4	11.1	重慶	63.7	10.9
吉林	53.4	10.5	四川	62.5	9.8
黑龍江	52.0	11.3	貴州	63.4	10.3
上海	95.5	19.6	雲南	61.1	10.5
江蘇	73.6	12.3	西藏	57.9	11.1
浙江	81.0	11.4	陝西	54.2	10.3
安徽	58.3	10.2	甘肅	54.8	10.3
福建	70.1	8.2	青海	64.5	10.2
江西	59.8	9.5	寧夏	69.7	11.5
山東	70.0	10.3	新疆	69.8	11.0

從上表情況分析，中國醫院平均床位使用率僅為 65.1%，平均住院日 10.9 天，這說明中國醫院的管理水準低，在 // 醫院醫療市場上供給與需求存在較大的矛盾，一方面表現為患者無法得到高品質的醫療服務，另一方面表現為醫院的醫療資源在大量的閒置，因此醫院的管理有待提高，醫療服務體制的改革勢在必行。從上表情況看中國醫院床位使用率超過 70% 的地區依次排列如下：

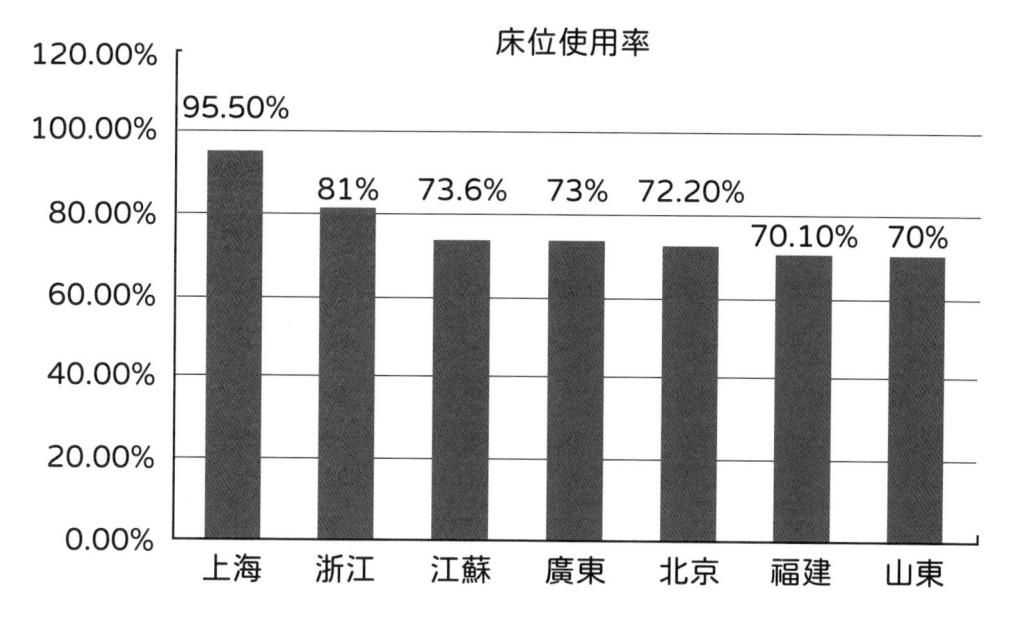

床位使用率

上海	95.50%
浙江	81%
江蘇	73.6%
廣東	73%
北京	72.20%
福建	70.10%
山東	70%

從床位使用率情況看，上述地區為中國醫院管理水準高、市場需求大的地區。

二、中國醫療機構的收入來源

中國的醫療機構分為營利性和非營利性兩類，營利性醫療機構主要是由社會資金投資，即非政府舉辦的；非營利性的醫療機構主要是由政府舉辦的，屬於社會公益性質。

1、營利性與非營利性醫療機構

營利性醫療機構和非營利性醫療機構的劃分是按利潤的分配形式來進行劃分的，對於非營利性醫療機構，盈利的部分必須全部用於事業發展，而不能以分紅等形式分配，但"非營利性"並不等於不盈利，醫院獲取利潤是合法的，這是國家規定的，由於把利潤用在事業建設上，所以非營利性醫院在稅收方面有所減免。

中國現有醫院大致可進行如下的劃分：
1) 非營利性醫療機構目前主要包括政府醫院、企業醫院、合作制醫院、社區醫院 和民辦非營利性醫院。

2) 營利性醫院主要包括私立營利性醫院、股份制醫院和中外合資醫院。目前登記的營利性醫療機構在個數上占到全部醫療機構的44.8%，但基本上都是個體診所，佔有的衛生資源不足1%，99%的衛生資源仍由公立醫院掌握。

3) 區別營利性與非營利性的關鍵是對獲得的盈利如何分配和使用，如果投資者將盈利拿走用於分紅，或歸於自己所有，它就是營利性的醫院，如果將盈利用於更新設備、引進新技術、擴大規模等機構的建設和事業的發展，它就是非營利性的醫院。

4) 實行分類管理後，國家將根據醫療機構的性質、社會功能及其承擔的任務，制定並實行不同的投資、稅收、價格政策。政府舉辦的非營利性醫療機構在醫療服務體系中占主導地位，享受相應的稅收優惠政策，由同級財政給予合理補助。同時國家對非營利性醫療機構實行稅收優惠政策，營利性/// 則應按國家有關規定照章納稅。

2、稅收政策基本原則
1) 非營利性醫療機構：按國家規定的價格取得的醫療服務收入，免征各項稅收。不按照國家規定價格取得的醫療服務收入不得享受這項政策，自產自用的製劑，免征增值稅，自用的房產、土地、車船，免征房產稅、城鎮土地使用稅和車船使用稅。

2) 營利性醫療機構：對營利性醫療機構取得的收入，按規定徵收各項稅收。但爲了支持營利性醫療機構的發展，對營利性醫療機構取得的收入，直接用於改善醫療衛生條件的，自其取得執業登記之日起，3年內給予下列優惠：（Ⅰ）對其取得的醫療服務收入免征營業稅；（Ⅱ）對其自產自用的製劑免征增值稅；（Ⅲ）對營利性醫療機構自用的房產、土地、車船，免征房產稅、城鎮土地使用稅和車船使用稅。3年免稅期滿後恢復徵稅。

3、非營利性醫療機構的收入來源

　1) 收入來源管道

　　根據中國目前的醫療體制，非營利性醫療機構的收入主要來源於三個管道：

　　a、財政撥款

　　b、醫療服務收入

　　c、藥品收入

　2) 收入來源統計

　　20// 年 // 衛生系統醫療機構收入合計爲 4901 億元。其中：醫療服務收入 2399 億元；藥品銷售收入 1929 億元；財政撥款 447 億元；其它收入 127 億元，各個部分所占比例如下：

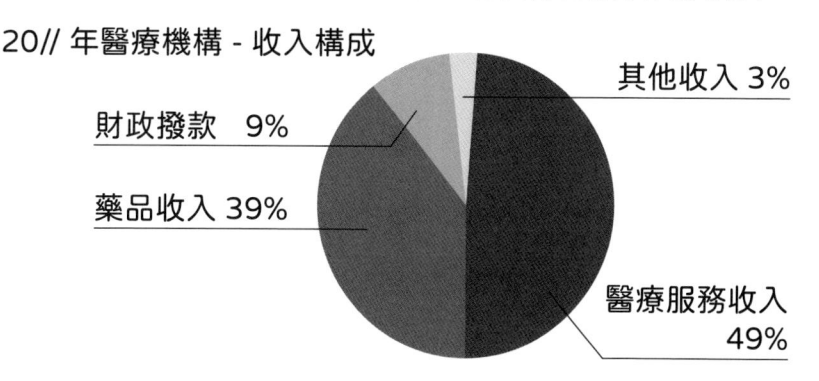

20// 年醫療機構 - 收入構成

- 財政撥款 9%
- 藥品收入 39%
- 其他收入 3%
- 醫療服務收入 49%

從上面的分析看，醫療服務收入、藥品收入在中國的非營利性 /// 占重要的部分，這是醫療機構的主要來源，由於醫療服務價格的提高，大型儀器檢查收入的增加和醫療服務專案的增加，醫療服務收入增長很快。2001－20// 年，中國醫療服務收入，及其占全部收入的比例如下：

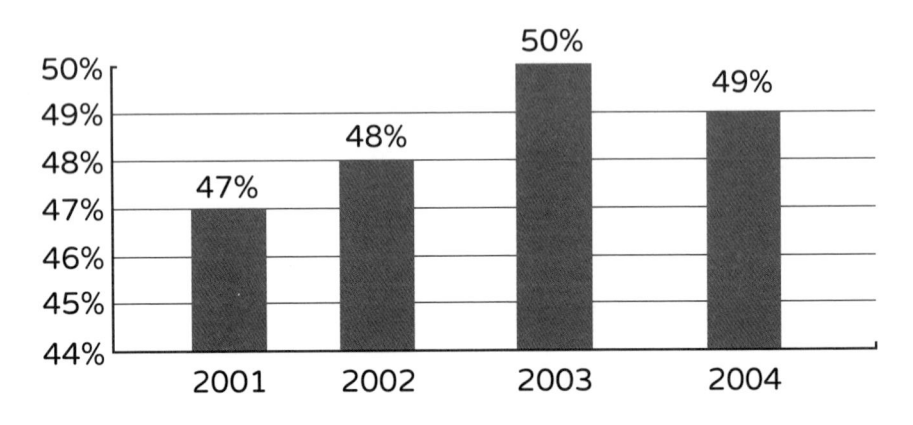

年份	比例
2001	47%
2002	48%
2003	50%
2004	49%

從上面的分析看，中國醫療機構的醫療服務收入在逐年的增長，同時占總收入的比例也在逐年上升。

3) 藥品收入情況

藥品差收入包括，藥品銷售收入減去藥品的購進額後的購銷差價收入，這部分國家規定醫療機構藥品批零差為購進價的 15%；在此之外，還要加上未計入藥品銷售收入的購進藥品的讓利或折扣收入，以及醫療機構的製劑純收入。

4) 財政撥款

中國機構對醫療機構的財政撥款包括兩部分，一部分是經常性補助，主要是補助醫療機構的工資，另一部分為專項補助，主要是補助醫療機構的設備購置；20//－20// 年中國藥品收入及財政撥款情況如下：

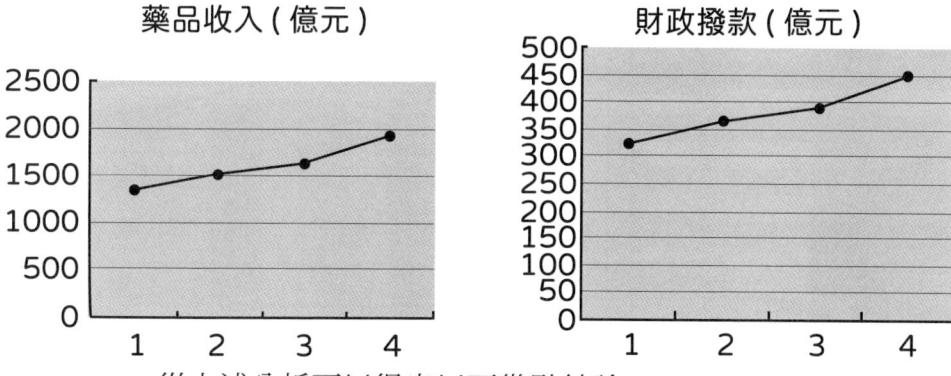

藥品收入（億元）

財政撥款（億元）

從上述分析可以得出以下幾點結論：

a、中國醫療機構的收入近年來有了大幅度增長。

b、醫療服務成本主要靠醫療服務價格補償。

c、藥品的收入超過了財政撥款，成為醫療機構補償的第二個重要管道。

4、營利性醫療機構的收入來源

營利性醫療機構與非營利性醫療機構相比，其收入主要是藥品差價收入及醫療服務收入，而沒有政府財政撥款部分。根據衛生部的統計，中國綜合醫院的平均醫療費用及其構成比例如下圖：

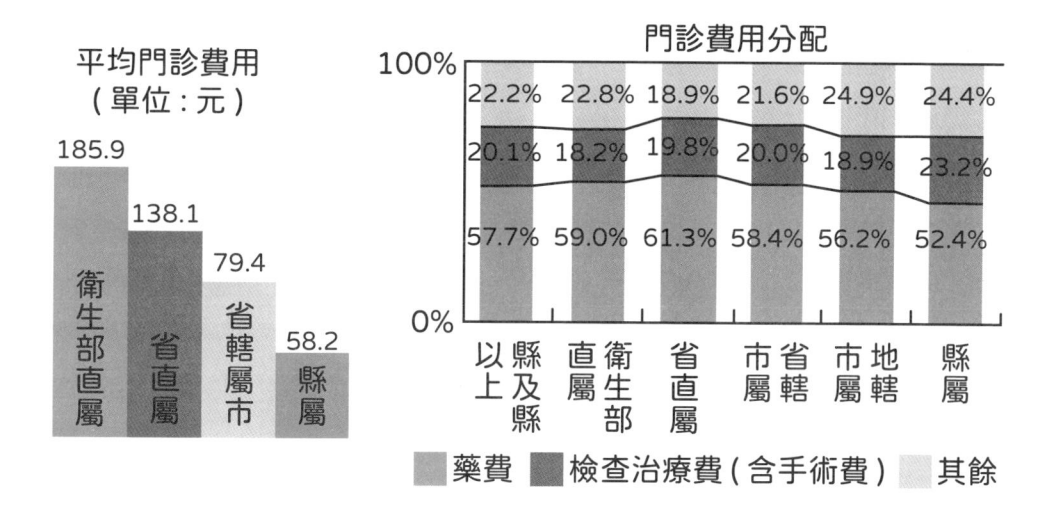

平均門診費用（單位：元）
- 衛生部直屬 185.9
- 省直屬 138.1
- 省轄屬市 79.4
- 縣屬 58.2

門診費用分配

	縣及縣以上	衛生部直屬	省直屬	省轄市	地轄市	縣屬
其餘	22.2%	22.8%	18.9%	21.6%	24.9%	24.4%
檢查治療費（含手術費）	20.1%	18.2%	19.8%	20.0%	18.9%	23.2%
藥費	57.7%	59.0%	61.3%	58.4%	56.2%	52.4%

拾、附件資料│289

平均住院費用（單位：元）

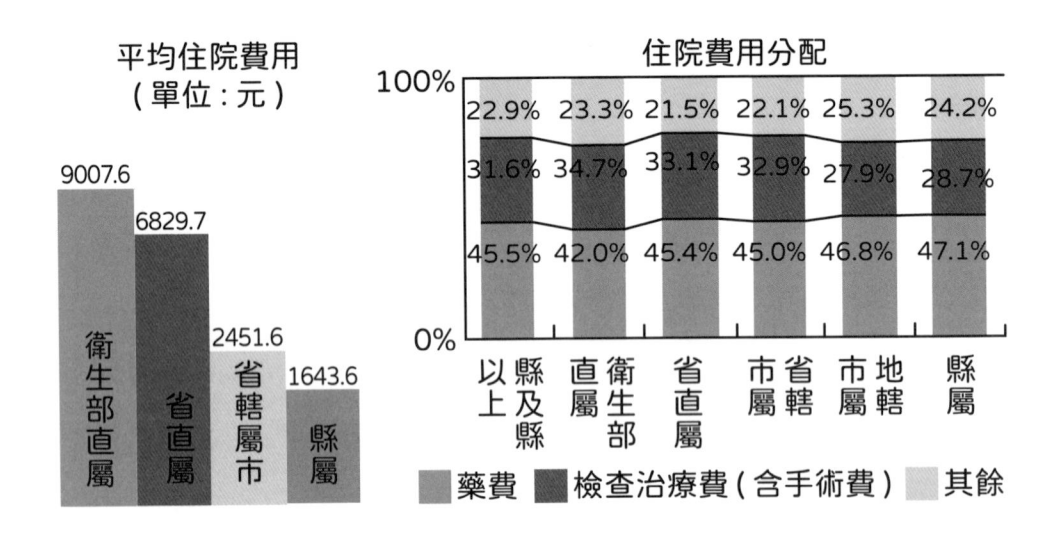

衛生部直屬	9007.6
省直屬	6829.7
省轄屬市	2451.6
縣屬	1643.6

住院費用分配

類別	藥費	檢查治療費（含手術費）	其餘
縣及縣以上	45.5%	31.6%	22.9%
衛生部直屬	42.0%	34.7%	23.3%
省直屬	45.4%	33.1%	21.5%
省轄市屬	45.0%	32.9%	22.1%
地轄市屬	46.8%	27.9%	25.3%
縣屬	47.1%	28.7%	24.2%

三、中國醫療機構的業務情況

業務收入支出情況清單如下

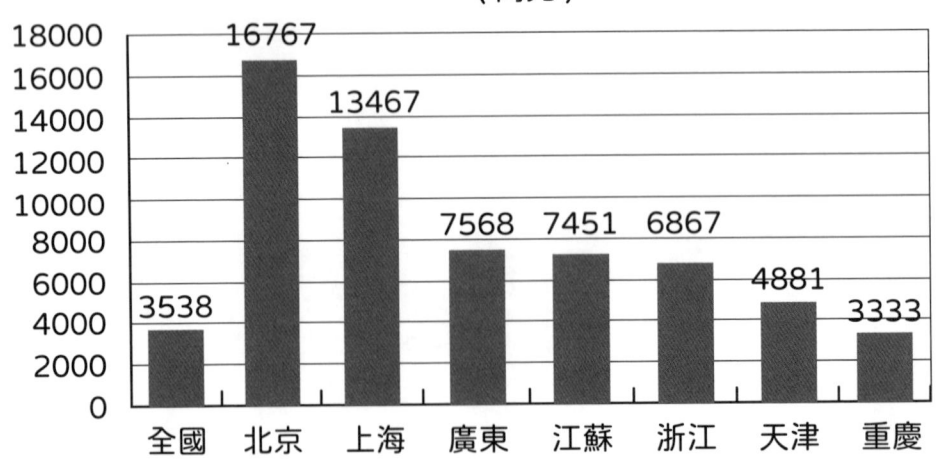

全國不同地區衛生部門所屬縣及縣以上醫院平均收入（萬元）

地區	收入
全國	3538
北京	16767
上海	13467
廣東	7568
江蘇	7451
浙江	6867
天津	4881
重慶	3333

北京地區衛生部門所屬縣及縣以上醫院平均經營支出（萬元）

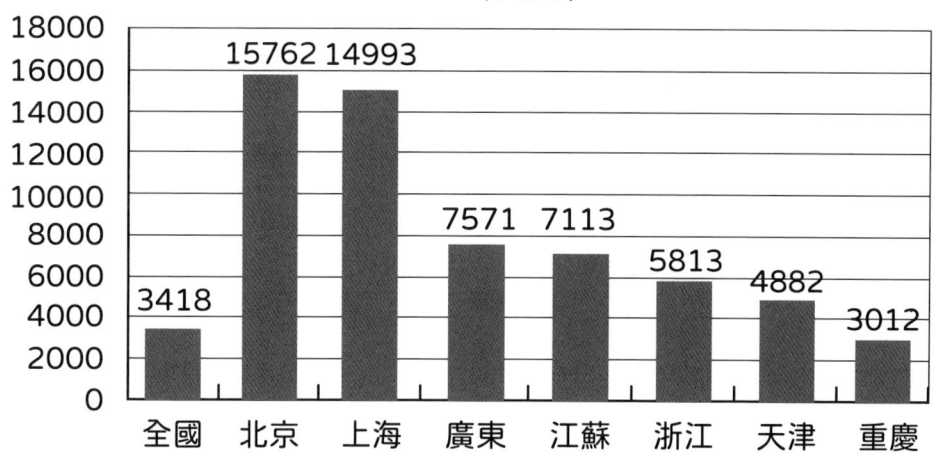

全國	3418
北京	15762
上海	14993
廣東	7571
江蘇	7113
浙江	5813
天津	4882
重慶	3012

四、醫院目前存在的問題

改革開放以來，我國的衛生事業成就斐然，但在經濟體制轉型時期，也出現了一些新的矛盾和新的問題：

1、醫藥費用過快增長和個人負擔明顯加重：衛生部衛生經濟研究所的研究表明，1994--2000年間，我國的衛生總費用年均增長14.01%，超過了GDP年均9.21%的增長速度。"小而全"的綜合醫院占多數。

2、衛生資源配置不合理和城鄉差距過大：1991--2000年，占中國總人口70%左右的農村人口只消耗了32%--37%的衛生總費用。

3、醫療服務效率不斷下降：1998年與1990年比較，全國醫院總診療人次減少4·34億人次，衛生部門縣及縣以上醫院醫生人均日診療人次由5.5人次下降到4·6人次，醫生人均每日負擔住院人數由2.1人次下降到1.4人次，病床使用率由88.2%下降到65.3%。其中，1998年，街道醫院、衛生院僅為50.9%，尚有一半的病床處於閒置狀態。

4、現有衛生服務模式難以適應群眾不斷增加的衛生服務需求：在經濟和社會持續發展過程中，患者對綜合、連續以及充滿"人情味"的衛生服務需求明顯增加。但是，多年來醫療衛生服務模式單一，體制性障礙較為突出，改革力度難以滿足群眾的需求，看病不方便的問題日益突出，從一定程度上引發了醫患矛盾。

5、普遍採用以醫生為中心的組織形式，不符合現代醫院管理扁平化的趨勢，醫務人員流動性差，人才滾動機制沒有形成，醫院管理水準低，醫護人員服務意識不強，醫護、行政流程透明度低，流程複雜。

6、數位化醫院的建設尚處於低水準階段：與國外的先進水準比較，對於可大幅度提高醫院效率的 HIS 管理系統，目前我們國內的建設水準及應用程度都有相當大的差距，採用並充分利用的醫院比例低，這是一個綜合因素造成的，首先是重視程度不夠、投入不足，其次是人才匱乏，從而導致應用水準處於低水準階段。據 2003 年的統計，全國縣級以上醫院，約 33%已經不同程度應用了 HIS 系統，省級以上的統計數字為 84%，但大多數尚處於 /// 財務管理資訊化階段，而真正做到臨床管理資訊化階段的鳳毛麟角，以為例，能夠勉強稱得上數位化醫院的可能只有 // 國際心血管病醫院一家。

五、中國醫療市場的未來發展趨勢

根據 WTO 最核心的檔《建立世貿組織的協定》附件 1B《服務貿易總協定》的規定，在交易活動中只要有一方是外國的消費者或外國服務提供者，就構成了服務貿易活動。提供服務的一方所收取的費用為服務貿易出口，接受或消費服務的一方所支付的費用為服務貿易進口。WTO 將服務貿易分為健康與社會服務等 150 多個門類。

中國加入 WTO 後，可望引進更多的外資在國內發展包括中醫醫療在內的醫療服務，同時國外醫療機構也會進入 // 醫療市場，這不僅將加劇國內醫療市場的競爭，也必將大大促進國內醫療機構服務水準和服務品質的提高。國內醫療市場對外開放最大好處在於，隨著國外醫療機構的進入，先進的技術、優質服務和科學的管理制度將會猛烈地衝擊帶有明顯計劃經濟色彩的國內醫療體系，使國內醫療體制從根本上來一個變革，其結果則是使老百姓能夠享受到更好的醫療服務。

外國的醫院可以在中國開業，中國的醫療服務同樣可以延伸到國外去。我們要進一步加強與 WHO、各國政府和民間的交流和合作，在國外創辦多形式、多層次的現代中醫醫療機構，將中國的醫院辦到國外去，尤其應將中醫藥的一些特色專科發展到國外去，解決廣大患者對高水準的傳統醫療服務的需求。此外，對於其他國家的一些優秀傳統醫藥技術，也可將其引入國內市場。

六、市場競爭

面對中國大陸每年新增 1,500 億元的醫療服務市場，面對最後一個壟斷性行業市場化開放的歷史契機，國內外各路資本正積極準備，渴望儘早進入 // 的醫療服務市場，像其它已經放開的行業一樣，將湧現出新的市場霸主。

1、上市公司投資醫院

  1) // 高科：下屬的萬傑醫院，前期通過增發又進一步加大了投資醫院力度，近期集團又會同香港某公司共同在深圳興建醫院；

2) // 集團：擬投資 2.95 億元將 // 國際醫院建成融醫療、康復、保健於一體的具有一流環境、一流設施的涉外醫院，主要是滿足外籍人士和有較高醫療需求的國內中高收入人員的高水準、高品質醫療需求，並成為國外保險機構認可的 /// 醫院；

3) // 醫藥：投資 3.3 億建立三九醫院；

4) 同仁堂：通過資產置換方式獲得了北京崇文區中醫院的資產，公司計畫以此為依託，建設同仁堂醫療基地；

5) // 廣廈：整體收購浙江 // 第三人民醫院；

2、中外合資醫院

中國目前大部分醫院是國有的，以保障廣大消費者的基礎醫療保健為主。若這些 /// 直接服務於外國人，將會在醫療環境、醫療服務等方面存在問題，如由於生活、思維方式等方面的不同造成 // 醫生不能和外國病人很好的交流溝通，而延誤診療時機。另一方面，隨著 // 改革開放的深入，來 // 工作、參加會議、業務談判的外國人越來越多，他們在 // 的健康及醫療衛生保健問題也應運而生。

中國在政策上是極其支持外國資本投資 // 醫療市場的，具體表現在准入的門檻極低，只需註冊資本 2,000 萬元人民幣。在股權上，外資可以控股，只要持股比例在 70% 以內。從實踐來看，國外資本對 // 醫療市場較為關注和踴躍。如美國美中互利公司、新加坡ＨＭＩ國際醫療控股有限公司等紛紛在 // 投資或進行考察。

由美國美中互利公司和 // 醫學科學院協和醫藥集團於 19// 年合作設立的北京和 // 醫院是一家提供全方位、高品質、國際標準醫療保健服務的中美合資合作醫院。目前，該醫院80%病人為在華外國人，20%為高薪的 // 白領一族。由於 /// 的收費只相當於國外中檔醫療收費水準，故能吸引住一批外國患者。而更為主要的是，/// 與國外醫療保險公司有緊密的合作，故在運營之初即納入外國人的醫療保險體系，病源及收款均有保障。/// 的軟體服務也是吸引外國患者的因素之一。如 /// 的醫生或是外國專家，或是回國的 // 留學人員，故在與外國病人溝通方面沒有障礙。/// 已經完成了初級萌芽期，正在發展壯大，已在順義建立了一個診所，在上海和廣州分別建立的第二家和第三家合資 /// 也處於積極的籌建過程中。

3、民營化醫療機構

1) 廣東：// 醫院，中西醫及自然療法相結合的大型國際醫院，設有床位 600 張，並於 2003 年通過了國際聯合委員會 JCI（Joint Commission International）認證，成為全中國第一家通過國際 JCI 認證的綜合醫院，也是全世界唯一通過國際 JCI 認證的中西醫及自然療法相結合的醫院。

2) 福州：當地衛生局把下屬的兒童醫院等 4 家醫院推向社會招商，一天之內就有美國百利康（國際）集團、香港愛爾康醫療投資有限公司等 16 家中外投資商前來洽談。

3) 紹興：民營投資規模達 2 億元的 // 醫院、3 億元的 // 醫院正在籌建之中。

4) 寧波：寧波 //// 集團投資 8 億元建立寧波 // 醫院，該醫院占地 236 畝，有 1,200 個床位，能夠提供治療和星級服務。三星的主要產品是奧克斯空調和電錶、電力產品，去年銷售收入 23 億元，今年預計 38 億元，公司有足夠的資金實力進行投資。三星集團認為，未來 5~10 年內，醫療服務是朝陽產業，明州 /// 的投資收益是在未來 5~10 年，目前空調和電錶還是主打產品，可能 5 年之後醫療會成為三星的主業之一。

5) 各家民營醫療機構比較

項目	廣東祈福 ///	紹興博愛 ///	紹興華宇 ///	寧波明州 ///
投資	10 億	2 億	3 億	8 億
正式營業時間	2000 年	2000 年	2003 年	2006 年
營收狀況				38 億
特點	全中國第一家通過國際 JCI 認證的綜合醫院，也是全世界唯一通過國際 JCI 認證的中西醫及自然療法相結合的醫院	集醫療、預防、科研、康復、急救為一體的省內最大的新型現代化非營利性綜合性民營 ///。紹興市、縣醫保定點單位。	//// 醫院（中國醫科大學 //// 醫院）由 //// 集團與 // 醫科大學合作，按照國家三級甲等綜合性 //// 標準建設的非政府辦、非營利性的大型民營醫院。	由奧克斯集團按三級甲等醫院設置投資建設的社會辦非營利性國家大型綜合性醫院。醫院集醫療急救、科研教學、康復保健為一體，// 省重點建設工程項目，也是 // 省目前規模最大的民營醫院。

七、中國政府的相應政策法規

1、2000 年 2 月 16 日，國務院體改辦、國家計委、財政部、勞動與社會保障部、衛生部、藥品監督管理局、中醫藥局聯合發佈《關於城鎮醫藥衛生體制改革的指導意見》，提出我國要大力進行城鎮醫藥衛生體制改革，並提出具體指導意見：

- 1) 建立新的醫療機構分類管理制度，將醫療機構分為非營利性和營利性兩類進行管理。
- 2) 轉變公立醫療機構運行機制
- 3) 實行醫藥分開核算、分別管理
- 4) 規範財政補助範圍和方式
- 5) 調整醫療服務價格

2、20// 年 7 月，中國政府進一步出臺了一系列重大醫療改革政策，推動醫療市場化進程，具體包括：

- 1) 鼓勵建立營利性醫院，符合條件的營利性醫療機構開業前三年免繳所得稅
- 2) 鼓勵建立中外合資現代化醫院，外資比例最高可占 70% 的股份，頭三年免繳營業稅；
- 3) 病人有選擇醫院的權利；
- 4) 政府通過保險公司支付公務員的醫療費用；
  原則上允許外國保險公司進入 / 醫院，並逐步開展醫療保險業務

附件三 醫療機構的能源消耗概算及勞動衛生安全保障

第一節：能源消耗

一、生活給水、熱水

    1．水源：

        本工程的全部用水均由市 // 區環狀給水幹管供給，滿足本項目的消防及生活供水。

    2．生活水量：

用水定額及用水量一覽表

序號	用水名稱	用水定額	用水量 最大日 m^3/d	用水量 最大時 $m^3/hmax$	備註
1	病房用水	400L/bed.d	260	22	650 床 k=2 ,24h
2	醫務人員用水	200L/人.d	160	13	800 人 k=2 ,24h
3	陪護家屬用水	300L/人.d	30	2.5	100 人 k=2 ,24h
4	工作人員用水	50L/人.d	5	0.4	100 人 k=2 ,24h
5	鍋爐房補水	10%	84	3.5	35kg/h k=1 24h
6	洗衣用水	80L/kg 幹衣	1//	19.5	2kg/床．天 k=1.5 8h
7	食堂用水	25L/人．次	75	10	3,000 人次 k=1.5 12h
8	冷卻迴圈水補水	2%	300	32	1,000m^3/h k=1 ,16h

9	空調冷凍水補水	0.3%	60	2.5	1,000m³/h k=1,16h
10	小　計		1,258	109.6	
11	未預見水量	10%	126		
12	總　計		1,384	109.6	

生產、生活總用水量為 5,223m³/d。

3・生活用熱水（60°C）量：

熱水用水量一覽表 （60°C）

序號	用水名稱	用水定額	用水量 最大日 m³/d	用水量 最大時 m³/hmax	備註
1	病房用水	180L/床.d	117	4.8	650 床 k=2,24 小時計
2	醫務人員用水	100L/人.d	80	4	800 人 k=2,24 小時計
3	陪護家屬用水	130L/人.d	13	0.5	100 人 k=2,24 小時計
4	工作人員用水	25L/人.d	2.5	0.2	100 人 k=2,24 小時計
5	洗衣房	30L/kg 幹衣	48	9	2kg/床.天 k=1.5 8 小時
6	食堂	10L/人次	30	2.5	3,000 人次 k=1.5 12 小時
7	總　計		290.5	19	

二、消防

本 /// 的消防對象建築高度 <50m，建築為一類高層建築物。為此本樓內設消火栓和自動噴水滅火系統。自動噴水滅火系統按中危險 II 級設置。見表

消防用水量一覽表

消防範圍	消防系統	設計用水量 (L/s)	消防歷時 (h)	一次消防用水量 (m³)
室內	消火栓 自動噴水	5 7	2 1	36 25.2
室外	消火栓	5	2	36

本 /// 室內消防一次用水量為 61.2m³；

本 /// 室內外消防一次用水量為 97.2m³。

三、空調負荷

空調冷負荷為 8,000kW，空調熱負荷量為 6,100kW。

四、用電負荷

總用電負荷約 6,567kW

五、電話、資料系統

採用綜合佈線系統，在值班室、辦公室、診室、手術及治療室、藥房、收費處、病房、護士站等設置資訊插座，利用綜合佈線系統可進行語音通信，也可形成院區的高速寬頻網路系統，並與 INTERNET 網相連。本期工程約需語音和資料點各 1200 點。

六、醫療氣體用量

氧氣

氧氣用量指標（m^3/h）：

用氣點	指標 m^3/h	同時使用係數
病房	0.60	0.2
手術室	2.4	1
搶救室	2.4	1
治療室	0.60	1
內窺鏡	1.8	0.5
蘇醒	1.8	1
ICU	1.8	

真空吸引供應

吸引抽氣量指標（m^3/h）：

用氣點	指標 m^3/h	同時使用係數
病房	0.60	0.2
手術室	3.2	1
搶救室	2.4	1
治療室	1.8	1
內窺鏡	1.8	0.5
蘇醒	2.4	1

壓縮空氣供應

氧氣用量指標（m^3/h）：

用氣點	指標 m^3/h	同時使用係數
病房	0.60	0.1
手術室	3.6	1
搶救室	3.2	1
治療室	1.2	0.5
內窺鏡	1.2	0.5
蘇醒	3.2	1

七、燃氣供應

由城市引來中壓天然氣，在院區建調壓箱減壓至供熱鍋爐使用。

天然氣消耗量 610 m^3/h

中壓天然氣管徑 D300×6

由城市來低壓天然氣經院區送營養廚房、職工廚房。

低壓天然氣消耗量：39^3/h

低壓天然氣管徑 D300×6

第二節 勞動衛生安全保障

一、危害因素及危害程度分析

1、有毒有害物品的危害

(1) 生物病毒病菌危害因素：

生物病毒病菌危害因素及程度分析表

序號	病毒細菌種類	致病危害	傳播途徑	儲存方式	自然條件存活期	消毒手段
1	流感病毒	流行性感冒、肺炎	呼吸道傳播	-80°C	56°C數分鐘	脂溶劑、甲醛、紫外線、射線
2	肝炎病毒	急性肝炎易造成爆發流行，主要是甲肝和戊肝，影響社會經濟安全，乙肝和丙肝主要反映社會健康水準，個體健康影響大。	消化道，血液	-80°C	1-6個月	酒精、高溫、福馬林
3	乙腦病毒	流行性乙型腦炎	通過蚊蟲傳播	-80°C	室溫條件下數天即可滅活	煮沸、高壓消毒，酒精、來蘇水浸泡手及實驗桌面和地面清毒
4	流腦病毒	低度	呼吸道傳播	冰箱保存	十幾分鐘	消毒劑，高壓滅菌
5	致病性大腸桿菌	低度	經口感染	冰箱保存		消毒劑，高壓滅菌

(2) 化學危害因素

檢驗、化驗用的化學製劑。在檢驗、化驗操作過程中，化學製劑產生揮發的氣體對檢驗、化驗室內工作人員的危害；由於工作人員操作不慎使化學製劑粘、濺到身體上引發的傷害；因管理不慎造成的存儲化學製劑容器的爆炸。

實驗動物在存放期內所產生的糞便散發的氨氣也會造成對工作人員的傷害。

2、雜訊危害因素

雜訊污染源主要有：實驗室內機械傳動裝置、儀器設備。如：離心機等；建築物內配套安裝的機械傳動設備。如：水泵、空調機、排風機等。

3、電磁輻射危害因素

建築物內配套安裝的電氣設備。如：變壓器、電動機等。

有外來者帶入建築物內的手機、對講機對一些用於醫療檢查的專用設備造成干擾直接影響診療的效果，如：放射、CT、核磁及監護器械等精密檢查儀器等。

4、因建設不當的危害因素

在建設期間選用的建築裝飾材料未達到環保要求所產生的甲醛等有害氣體。

電氣設備發生漏電、引燃和短路現象等引起觸電傷人和火災。另外，自然因素造成的直擊雷、感應雷和雷電侵入。

供熱系統內，鍋爐房及燃氣計量間設置可染氣體洩漏、爆炸；氣體管道洩漏、爆炸等。

二、衛生防護措施

　　1、選址與總平面佈局

　　　　本工程建設方案總平面，充分考慮到衛生安全的要求，距區域邊界均保持一定的距離，以綠帶環繞建築群；同時，考慮到自然風向的影響，將汙水處理站等設置在下風頭方向。整體專案設計使各建築的佈局形成有機的體系。以道路交通的組織設計，從平面佈局上杜絕了相互的交叉，形成了對區域採取良好控制的態勢，提高了衛生安全防護和控制程度。

　　2、建築衛生安全

　　　　在主體建築的設計中，爲達到衛生安全防護的要求，從多方面進行了深入的研究和設計。

　　　　在交通組織方面，採取了"流線明晰，各行其道"的設計思路，以減少各類人員之間、潔-汙物流之間的交叉，保證建築物內的人員衛生安全及控制。

　　3、給排水衛生防護

　　　　本項目作爲///建築，設計時要符合衛生防疫要求，重點在於飲用水系統的衛生防疫和醫療污水的合理排放。

　　4、給水防疫措施

　　　　衛生潔具、用水設備給排水管出水口要高出衛生潔具、用水設備溢流水位元，間距須不小於出水口管徑的2.5倍。大便器等有污染的潔具不得直接與給水管連接。

　　　　採用變頻調速恒變數供水系統，城市自來水進入設在地下室的生活、消防使用蓄水池，然後由水泵吸水恒壓送往各用水層。對生活用水加裝紫外線消毒設施。蓄水池內襯採用經衛生檢疫的材料和材質，全封閉。水池上部無排水管道通過。

直接連接給排水設備的管道上設置止回閥。

設計時杜絕給水管道穿越如大便槽、汙水處理池、放射區域等，以避開污染空間。

5、污水排放防疫措施

整個排水體系採取分流處理，這樣既保證避免交叉污染，也可以減少日後在水處理時加大運行投入。

設計時杜絕排水管道穿越潔淨空間、配餐和廚房的操作間等場所。

6、通風、空調及採暖

配餐廚房、衛生間、製冷機房、庫房、垃圾處理間等場所均裝設機械通風系統。在所有空調場所均設有新風補給設施。其換氣次數為：送風為 5 次/h，晚上送、排風量各減半，廚房 35 次/h，衛生間、洗手間、垃圾處理間為 10 次/h，製冷機房、熱交換站、庫房等為 5 次/h。

對未設空調又經常有人停留的其他場所和房間設有採暖，採暖溫度不低於 16°C。

7、振動防治及雜訊控制

本工程振動源主要是製冷機組、風機、水泵以及部分試驗設備等，設計中將以上設備佈置在單獨房間內，並分別設隔振、減振設施。

本工程採用整體性較好的結構體系，為此在經常產生撞擊、振動的部位（如庫房門、設備管道等）採取防止結構雜訊傳播的措施。

8、電磁輻射危害控制及防護

本工程電磁輻射源主要是變壓器、電動機以及部分試驗設備等，設計中將以上設備佈置在單獨房間內，並分別設置相應的遮罩設施。

在建築內，特別是放射、CT、核磁等精密的檢查儀器部位，嚴禁使用手機、對講機，以防止電磁污染和磁場干擾，保證精密檢查儀器的正常工作，保證診療效果。

9、供熱系統安全防護

保證必要的操作空間，主要通道和操作地點設置事故照明，表面溫度超過 50°C 的設備和管道要進行保溫，將可能引起燙傷的排汽或水管佈置在安全的地方。各通道應設無障礙物佈置或堆放。

10、對意外事故的防範及事故應急

(1) 加強相應的衛生防護設施

在 /// 內一旦發現特殊的傳染病患者，應及時地採取隔離措施，防止其擴散造成的不良後果。

(2) 建立完善的應急設施，組織健全的事故應對措施

完備斷電保護措施。爲確保醫療設備或系統，不允許瞬間斷電的要求。除了在供電系統設計中實施雙路供電外，在 /// 內各重要科室部門按要求在重要設備處設置 UPS 電源系統。設計必須保證有足夠容量的 UPS 電源系統，以滿足在兩路供電線路相繼斷電情況下，不間斷供電 45 分鐘以上的要求。同時，院區內將設置應急發電機。

三、勞動安全

　　1、建築安全

　　　　在項目完成的實施過程中，都應嚴格執行國家規範。採用綠色環保裝修材料，並設置防盜裝置。建築主體的設計應本著以人為本的原則，要經濟實用合理佈局。

　　2、防火防爆

　　　　本專案均屬一類建築物，耐火等級為一級，有關防火措施應嚴格按建築防火規範設計。天然氣工程設計應由天然氣公司負責按規範規定要求設計、施工。

　　3、電氣安全

　　　　變配電室嚴格按照防火規範的要求設計，並設水噴霧滅火系統。電氣設備安裝考慮保護措施，以免發生引燃和短路現象，引起火災。

　　　　本工程採用 TN-S 接地系統，建築物內採用等電位聯結，對化驗池、洗手盆及其周圍的金屬設備、電梯裝置等進行輔助等電位聯結。

　　　　建築物內一般場所的插座，應選用安全保護插座，對實驗台，化驗池等附近的用電設備應加裝漏電保護。

　　　　按《建築物防雷設計規範》（GB5001-94 2000年版）的規定，本專案為公用防雷建築物，應考慮防直擊雷、感應雷和雷電侵入的措施。

　　4、燃氣系統安全

　　　　可燃氣體採用管道供氣，將使用可燃氣體的房間宜靠外牆設置，同時設置洩露自動報警系統。

附件四 相關審批文件

天津市卫生局文件

津卫医函〔20 5〕227号

关于同意设置天津世纪//医院的批复

//区卫生局：

你局《关于设置天津世纪//医院的请示》（津卫医〔20 5〕29号）收悉。经市卫生局20 5年第7次局长办公会研究，市卫生局同意你局关于设置天津世纪//医院的请示。

天津世纪//医院建在//区城区//道与//公路交汇处，病床编制为500张，医院类别为综合医院，医院经营性质核定为非营利性医疗机构。

望你们严格按照卫生部《医疗机构基本标准（试行）》的规定，开展医院基建工程建设，完成开诊前的各项准备工作，待市卫生局验收合格后再向社会开放。

二〇 年六月十七日

主题词：医院　机构　设置　批复

天津市卫生局办公室　　20 5 年6月17日 印发
（共印5份）

设置医疗机构批准书

批准文号：___第_号

经核准同意按照下列事项设置医疗机构：

类　　别：综合医院
名　　称：天津和// 医院
选　　址：H 道与　　公路交汇处
床　位（牙椅）：500张
服务对象：社会
诊疗科目：
投资总额：
注册资金（资本）：
其　　他：

本批准书有效期至20 年 6 月 17 日止。

批准机关：（津）
20 5 年 6 月 17 日

天津市发展和改革委员会文件

津发改许可〔20 5〕213号

关于准予天津//医药投资有限公司天津世纪//医院项目核准的决定

//区计委：

你单位《关于天津//医药投资有限公司建设天津世纪//医院项目的请示》（计呈字〔20/5〕09号）收悉。经会同规国局审核，符合法定条件和标准，现决定对天津//医药投资有限公司天津世纪东方医院项目予以核准。

特此决定。

附：天津市内资企业固定资产投资项目核准通知书

设置医疗机构批准书

批准文号：___第_号

//作为方向

经核准同意按照下列事项设置医疗机构：

类　　别：综合医院
名　　称：天津和//医院
选　　址：//H//道与//公路交汇处
床　位（牙椅）：500张
服务对象：社会
诊疗科目：
投资总额：
注册资金（资本）：
其　　他：

本批准书有效期至20 年 6 月 7 日止。

批准机关：（津）
20 5 年 6 月 7 日

天津市环境保护局

津环保许可函[2005]164号

关于对天津//医院建设项目
环境影响报告书的批复

天津东方医院投资有限公司：

你公司《呈报天津//医院建设项目环境影响报告书的报告》、天津市环境工程评估中心《关于天津//医院建设项目环境影响报告书的技术评估报告》（津环评估报告[20 5]052号）、武清区环保局《关于天津//医院建设项目环境影响报告书的预审意见》（津 环保管函[20 5]2号）及环境影响报告书收悉，经研究，批复如下：

一、原则同意天津市环境工程评估中心的评估意见及武清区环保局的预审意见。该项目选址于天津市//区//公路与道交口，建设规模为650张病床。总投资3.28亿元，总建筑面积7万平方米，该项目的建设符合天津市卫生资源总体调整方案的要求，根据环境影响报告书的结论，在落实各项环保措施的前提下，同意项目建设。

二、项目建设过程中应对照环境影响报告书认真落实各项环保措施，并重点做好以下工作：

1、发热门诊废水须进行消毒预处理后，同医院其它废水集中排入新建污水处理站进行处理，经市政管网达标排入武清第二污水处理厂。在日常管理中应加强对污水处理设施的管理，确保长期、稳定达标排放。

2、拟建的3台3.5吨/时和1台1吨/时燃气锅炉的烟气由不低于8米高的排气筒达标排放。合理布设锅炉排气筒的位置，排气筒的高度应根据周围建筑高度做适当调整，同时应远高保护目标，以避免对周围建筑产生影响。

3、食堂须安装油烟净化处理装置，油烟废气经净化处理后达标排放。油烟排气筒应布设在屋顶并远高保护目标。

4、做好固体废物的分类收集及合理处置工作。医疗废物须交有资质的单位处理。

5、对噪声源采取减振、降噪措施，确保厂界噪声值控制在国家标准规定的范围内，同时应合理布置冷却塔等噪声源的位置，使院内声环境符合区域控制目标的要求。

6、认真落实施工期扬尘、噪声、振动污染防治措施，将施工期影响降低到最低限度，避免扰民现象发生。

7、建设单位必须按国家规定做好排污口的规范化。

三、项目建设应严格执行环境保护设施与主体工程同时设计、同时施工、同时投产使用的"三同时"管理制度，项目竣工后，建设单位必须按规定程序申请环保设施竣工验收，验收合格后，项目方可正式投入运行。

四、请武清区环保局负责项目建设期间的环境保护监督检查工作。

五、建设单位应执行以下环境标准：
1、《环境空气质量标准》 GB3095-1996（二级）
2、《城市区域环境噪声标准》 GB3096-93 （Ⅰ类、4类）
4、《污水综合排放标准》 GB8978-1996（三级）
5、《锅炉大气污染物排放标准》DB12/151-2003
6、《饮食业油烟排放标准》GB18483-2001
7、《工业企业厂界噪声标准》GB12348-90（Ⅰ类、Ⅳ类）
8、《建筑施工场界噪声限值》GB12523-90
9、《危险废物贮存污染控制标准》GB18597-2001

此复

二〇 五年五月十八日

主题词：环境影响 报告书 批复

抄送：; 区环保局，天津市环境工程评估中心，天津市环境影响评价中心

天津市环境保护局　　　20 5年5月18日印发

國家圖書館出版品預行編目(CIP)資料

台灣製造業大趨勢白皮書：連鎖實體店鋪到連鎖
實體(世界)工廠 / 湯進祥著. -- 一版.
-- 新北市：上優文化事業有限公司，2025.05
320 面；17x23 公分. -- (企管系列；1)
ISBN 978-626-99639-1-1(平裝)

1.CST: 製造業　2.CST: 產業發展　3.CST: 臺灣
487　　　　　　　　　　　　　　　114005143

作　　　者	湯進祥
總 編 輯	薛永年
美 術 總 監	馬慧琪
美　　編	陳亭如
業 務 副 總	林啟瑞

出 版 者	上優文化事業有限公司
地　　址	新北市新莊區化成路 293 巷 32 號
電　　話	02-8521-3848
傳　　真	02-8521-6206

總 經 銷	紅螞蟻圖書有限公司
地　　址	台北市內湖區舊宗路二段 121 巷 19 號
電　　話	02-2795-3656
傳　　真	02-2795-4100
E m a i l	8521book@gmail.com（如有任何疑問請聯絡此信箱洽詢）

網路書店	www.books.com.tw 博客來網路書店
出版日期	2025 年 05 月一版一刷
定　　價	380 元

上優好書網　　FB 粉絲專頁　　LINE 官方帳號　　Youtube 頻道

Printed in Taiwan
書若有破損缺頁，請寄回本公司更換
本書版權歸上優文化事業有限公司所有　翻印必究